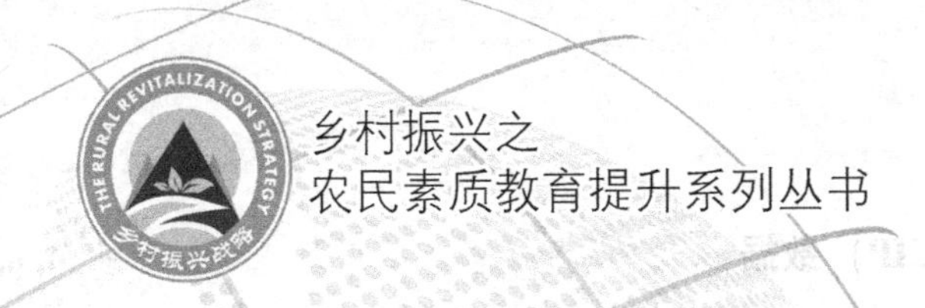

乡村振兴之
农民素质教育提升系列丛书

农产品市场营销

◎ 易桂林　黄 远　任永锋　主编

中国农业科学技术出版社

图书在版编目（CIP）数据

农产品市场营销／易桂林，黄远，任永锋主编．—北京：中国农业科学技术出版社，2020.7（2024.7重印）
（乡村振兴之农民素质教育提升系列丛书）
ISBN 978-7-5116-4808-2

Ⅰ．①农…　Ⅱ．①易…②黄…③任…　Ⅲ．①农产品-市场营销学　Ⅳ．①F762

中国版本图书馆CIP数据核字（2020）第103779号

责任编辑　徐　毅
责任校对　马广洋

出 版 者　中国农业科学技术出版社
　　　　　北京市中关村南大街12号　邮编：100081
电　　话　(010)82106631(编辑室)　(010)82109702(发行部)
　　　　　(010)82109709(读者服务部)
传　　真　(010)82106631
网　　址　http://www.castp.cn
经 销 者　各地新华书店
印 刷 者　北京捷迅佳彩印刷有限公司
开　　本　850 mm×1 168 mm　1/32
印　　张　6.375
字　　数　150千字
版　　次　2020年7月第1版　2024年7月第6次印刷
定　　价　30.00元

《农产品市场营销》

编　委　会

主　编：易桂林　黄　远　任永锋

副主编：吴　涛　宋兆文　李云峰　王目珍
　　　　杨振兵　张洪伟

编　委：张尚美　胡雨奇　赵建平　戴万基
　　　　刘　馨　田海彬

前　言

随着我国农业现代化步伐的不断加快，农产品资源以及农产品生产能力快速提升，农产品产销矛盾越发突出。农产品滞销卖难现象困扰着农业发展和农民收入增加，成为广大农民最大的痛点。为解决农产品卖难问题，除了提升农产品质量外，还应做好农产品市场营销工作。农产品市场营销是指在变化的市场环境中，农产品经营者以满足消费者需要为中心进行的一系列营销活动，包括市场调研、选择目标市场、产品开发、产品定价、产品促销、产品存储和运输、产品销售、提供服务等一系列与市场有关的经营活动。

本书结合农产品销售市场现状，以通俗易懂的语言，从农产品市场营销概述、农产品市场调研与分析、农产品市场细分与定位、农产品营销计划、农产品营销渠道、农产品品牌建设、商务谈判、商务礼仪等八个方面，对农产品市场营销的必备知识进行了详细介绍，以帮助农民朋友做好农产品的营销促销，实现增产增收。

由于时间仓促，水平有限，书中难免存在不足之处，欢迎广大读者批评指正！

编　者

2020 年 4 月

目　录

第一章　农产品市场营销概述

第一节　农产品市场的概念、功能和分类

一、农产品市场的概念

人类从使用工具开始脱离了动物界。社会分工导致了剩余产品的出现及其产品交换，而随着分工与专业化程度的加深，产品交换的常态化促进了市场的突现和扩展。市场起源于社会分工与产品交换的需求，而人类最初发展是从农业开始的，可见农产品的市场是发展最早的市场。

农产品市场是农业经济发展的客观产物，我们不难想象，农产品市场是指进行农产品交换的场所。生产者出售自己生产的农产品和消费者购买自己所需的农产品，要有供他们进行交换的场所，这种交换农产品的场所就形成了农产品市场。

按照现代市场营销学理论可以这样理解，农产品市场是指农产品流通领域交换关系的总和。它不仅包括各种具体的农产品市场，还包括农产品交换中的各种经济关系。如农产品的交换原则与交换方式，各方在交换中的地位、作用和相互联系，农产品流通渠道与流通环节，农产品供给和需求的宏观调控等。

二、农产品市场的功能

市场的功能是指市场机体本身所具有的客观职能。市场通过

发挥自身的功能，保证商品生产的顺利进行，推动商品生产的发展。一个较为完善的市场体系，其主要功能可概括为以下几个方面。

（一）交换功能

交换功能是市场最基本的功能，离开了商品交换，也就谈不上市场的存在。市场交换功能的发挥，使商品生产者或经营者得以将自己的产品拿到市场出售，从而获得货币，然后再向别人购买自己所需要的生产、生活资料，实现商品和劳动的交换。

（二）联系功能

联系功能是实现不同商品生产者之间的相互联系和经济结合。社会分工越细，市场的这一功能越重要。

现代商品经济条件下，供需矛盾表现为8个方面的隔离，需要通过市场的各项功能，调节解决这些隔离。

1. 数量隔离——数量分配功能

生产者希望大批量生产和供求均衡，需求方则希望零星购买各地产品，市场很好地解决了这一矛盾。

2. 质量隔离——质量调节功能

生产者满足于现有质量，消费者希望获得更高质量的优质名牌产品。市场通过优质优价、优胜劣汰，保证了优质农产品的市场需求和其生产者的经济效益，一些劣质产品则会被淘汰出局。

3. 空间隔离——运输转移功能

生产者在产地，消费者在目标市场，这种地域上的隔离通过市场联系在了一起。

4. 时间隔离——储存保管功能

农产品生产一般具有季节性强的特点，而作为百姓生活的必需品，其需求与消费却是常年性的，因此，农产品的储藏和运输功能应运而生。

5. 资金隔离——资金周转功能

生产者希望价高利大、集中卖、周转快，需求方希望价廉、利小、分期买。

6. 信息隔离——信息交流功能

供给方需要促销信息、需求信息，需求方需要供给信息。市场的信息交流功能既满足了农户的要求，也沟通了消费者的信息。

7. 规格隔离——调节规格功能

农产品生产者希望规格少的专业化生产，管理方便，成本低，劳动投入少，需求方需要规格多的多样化选择，只有市场才能协调这一矛盾。

8. 服务隔离——维修服务功能

供给方希望返修少、服务少，消费者希望服务好、维修方便。

（三）价值实现功能

在商品经济条件下，商品价值要靠市场来实现。当经营者把商品出售后，所得货币能够补偿生产过程中所耗费的劳动量，则商品价值得到了完全的体现；若商品卖不出去，或所得货币不足以补偿劳动耗费，则价值就不能得到实现或不能完全实现，社会再生产就会被迫中断或缩小规模。

（四）调节功能

通过竞争和价值规律的作用调节各类生产要素在各个生产部门之间的分配和布局。体现在两个方面。

1. 通过竞争调节商品的供求

某种商品的价格上涨表明该商品供不应求，生产这种商品有利可图，于是生产者便纷纷转而生产这种商品。反之，商品价格下降则表明该商品供大于求，生产这种商品可能会亏本，于是生产者便会压缩这种商品生产或转产别的商品。即通过价值规律的作用，调节生产要素在部门间的配置，使商品供求大体达到平衡。

2. 通过市场竞争、分化和淘汰机制的作用使生产要素的原有配置格局发生变化和调整

一部分较差的经营者在竞争中被淘汰；另一部分较好的经营者在竞争中得到发展，这种优胜劣汰的结果，就会使资源从配置效益较低的地方流向效益较高的地方，使有限的资源得到合理的配置。

（五）服务功能

一个比较成熟和完善的市场体系，它对市场需求者的服务主要体现在两个方面。

（1）面向市场进入者，直接提供进行商品买卖所需的各种组织机构，保证商品交易的顺利进行。

（2）通过建立一系列为商品交易提供各种方便的设施与机构，如银行、保险机构、信托公司、技术咨询、商品检验等服务机构，为市场进入者提供便利。

（六）反馈功能

市场每时每刻都在通过供求、价格等反馈着各种信息，这些信息就成为国家或经营者掌握市场动向、根据市场需求进行生产或确立营销决策的重要依据。所以，市场的行情就是整个经济活动的综合反映。

（七）劳动比较功能

通过商品比较来推动生产经营者努力采用新技术、新材料、新方法，不断改善生产经营条件，提高劳动生产率，取得较好的社会、经济效益。

三、农产品市场的分类

（一）市场的分类

1. 按商品类别划分

市场分为消费品市场、生产资料市场、农产品市场和服务业

市场(包括技术市场)。

2. 按空间层次划分

市场分为地方市场、全国统一市场、国内市场和国际市场。

3. 按时间层次划分

市场分为现货市场和期货市场。

4. 按实现程度划分

市场分为现实市场和潜在市场。

5. 按流通范围划分

市场分为零售市场和批发市场。

6. 按竞争程度划分

市场分为完全竞争市场、完全垄断市场和垄断竞争市场。

上述各类市场是相互联系的，它们的有机统一构成了我国的市场体系。随着现代市场经济的运行，以消费品和生产资料构成的商品市场、资金市场和劳动力市场是市场体系的最基本内容，称为市场体系的三大支柱。

(二) 农产品市场的分类

1. 按农产品交易场所的性质划分

农产品市场分为产地市场、销地市场和集散与中转市场3类。

(1) 产地市场。产地市场指在各个农产品产地形成或兴建的定期或不定期的农产品市场。产地市场的主要功能是为分散生产的农户提供集中销售农产品和了解市场信息的场所，同时，便于农产品的初步整理、分级、加工、包装和储运。产地市场的主要特点是：①接近生产者；②以现货交易为主要交易方式；③专业性强，主要从事某一种农产品交易；④以批发为主。如山东省的寿光蔬菜批发市场、河北省永年县南大堡蔬菜批发市场等，都是具有一定规模的产地批发市场。

(2) 销地市场。销地市场是设在大中城市和小城镇的农产品市场。还可进一步分为销地批发市场和销地零售市场。前者主要设在大中城市，购买对象多为农产品零售商、饭店和机关、企事业单位食堂；后者则广泛分布于大、中、小城市和城镇。销地市场的主要职能是把经过集中、初步加工和储运等环节的农产品销售给消费者。

（3）集散与中转市场。集散与中转市场的主要职能是将来自各个产地市场的农产品进一步集中起来，经过加工、储藏与包装，通过批发商分散销往全国各地的批发市场。该类市场多设在交通便利的地方，如公路、铁路交会处。也有些自发形成的集散与中转市场设在交通不便利的地方，这类市场一般规模都比较大，建有较大的交易场所、停车场和仓储设施等配套服务设施。

2. 按农产品销售方式划分

可以将农产品市场划分为批发市场和零售市场。顾名思义，农产品批发市场就是成批量地销售农产品，每笔交易量都比较大。不仅农产品产地和中转集散地设有批发市场，作为销地的大中城市也可设立批发市场。农产品零售市场，相对于批发市场而言，就是进行农产品小量交易的场所。农村的集市是零售市场，城市的副食商店、食品商店、农贸市场和超级市场也是零售市场。

3. 按农产品交易形式划分

农产品市场可分为现货交易市场和期货交易市场。现货交易市场是进行现货交易的场所或交易活动。所谓现货交易是指买卖双方谈判（讨价还价）达成口头或书面买卖协议商定付款方式或其他条件，在一定时期内进行实物商品交付和货款结算的交易形式。期货交易市场是进行期货交易的场所，如郑州粮食期货交易所。农产品期货交易的对象并不是农产品实体，而是农产品的标准化合同。

4. 按农产品商品性质划分

农产品市场还可以分为粮食市场、蔬菜市场、肉禽市场、水产品市场、果品市场和植物纤维市场等。

四、农产品市场的特殊性

1. 农产品市场交易的产品具有生产资料和生活资料的双重性质

农产品市场上的农副产品，一方面可以供给生产单位用作生产资料，如农业生产用的种子、种畜和饲料等，工业用的各种原材料等；另一方面，农产品又是人们日常生活离不开的必需品，居民的“米袋子”“菜篮子”都要由农产品市场供应。

2. 农产品市场具有供给的季节性和周期性

农业生产具有季节性，农产品市场的货源随农业生产季节而变动，特别是一些鲜活农产品，要及时采购和销售。农业生产有周期特点，其供给在一年之中有淡旺季，数年之中有丰产、平产、欠产。因此，在农产品供应中解决季节性、周期性的矛盾，维持均衡供应是非常重要的工作。

3. 农产品市场风险比较大

农产品是具有生命的产品，在运输、贮存、销售中会发生腐烂、霉变、病虫害，极易造成损失。所以，农产品的市场营销必须有很好的组织，尽量缩短流通时间，改善贮运设施，降低这种风险。

4. 农产品市场多为小型分散的市场

农产品生产分散在千家万户，农产品交易时具有地域性特点，通常采用集市贸易的形式，规模小而且分散。在大中城市、交通枢纽也有规模较大的农产品集散市场。

5. 农产品市场具有基本稳定性

农产品供求平衡且基本稳定，是社会稳定和保证经济发展的要求。因此，对农产品市场的营销活动和农产品价格，既要充分发挥市场机制的调节作用，又要加强宏观调控，以实现市场繁荣和社会稳定两个目标。

农产品市场的这些特性，使农产品市场营销具有自己的规律。农户在市场营销活动中，要自觉地按照客观规律指导自己的生产经营活动，才能取得预期的经营成果。

第二节　农产品市场营销的含义和特点

一、农产品市场营销的概念

农产品市场由消费者、购买欲望和购买力组成。农产品市场营销的任务就是通过一定方法或措施激起消费者的购买欲望，在消费者购买范围内满足其对农产品的需求。

农产品经营者的市场营销就是为了实现农产品经营者的目标，创造、建立、保持与目标市场之间的互利交换和关系，而对农产品经营者设计方案的分析、计划、执行和控制。

农产品市场营销，就是在变化的市场环境中，农产品经营者以满足消费者需要为中心进行的一系列营销活动，包括市场调研、选择目标市场、产品开发、产品定价、产品促销、产品存储和运输、产品销售、提供服务等一系列与市场有关的经营活动。

二、农产品市场营销的特点

农产品营销的特点和其他产品营销有很多相似性，但因其生产特点、产品特性和消费特点不同，又有与众不同的营销特点。

1. 农产品的生物性、鲜活性

农产品大多是生物性产品，如大米、面粉、蔬菜、瓜果、蛋

禽、牛奶、花卉等，具有鲜活性、易腐性。农产品一旦失去鲜活性，价值就大打折扣，如花卉、鱼、鲜牛奶等。

2. 消费需求的普遍性、大量性和连续性

人们对农产品的消费需求是生存的最基础的需求，农产品的基础性决定了其在需求上具有普遍性，它在满足人们生活基本需求、美化人们的生活等方面发挥着不可替代的作用。而且，数量巨大的人口，决定了对农产品需求的大量性。

另外，由于农产品是人们日常生活所必需的，虽然其生产具有季节性，但农产品的消费却是均衡的，无论是人们的日常消费，还是作为工业生产的原料，需要常年和连续的消费。

3. 农产品品种繁多且可替代性强

一方面，农产品种类规格繁多，无以计数；另一方面，由于农产品的基本功能相似，所含的基本成分类似和基本用途相同，从而造成了农产品之间具有很强的替代性，这些都决定了农产品贸易的复杂性和难度。例如，白菜价格高涨，萝卜的需求就会增加。

4. 农产品产销矛盾突出、价格波动大

农产品的生产有着较强的季节性与地域性，在产地的生产季节，农产品的上市量非常大，时间也很集中。例如，水果的收获旺季大多在每年的秋季，此时上市的果品特别多，梨、柑橘、苹果等大量水果都集中在此时上市，导致价格下降。又如，柑橘一般只能在南方生产、苹果多在北方生产，所以，北方市场的苹果价格低，而柑橘价格高；南方市场的情况则相反。由于生产的季节性、地域性等原因，导致农产品的价格波动比较大。在供过于求的集中上市季节，产品价格会很低；而在供应不足的淡季，产品的价格会非常高。

5. 农产品的质量受产地因素影响较大

农产品在长期的自然进化过程中形成了与当地自然环境条件

相适应的生态习性，因此，农产品的质量在很大程度上受产地的自然环境因素的影响。同一品种的农产品在不同地方栽培有不同的产品质量。例如，新疆维吾尔自治区栽培的哈密瓜可能比在其他地方栽培的哈密瓜要甜许多。

6. 农产品的储藏、运输难

部分农产品属于鲜活产品，容易腐烂，不易于储藏和运输，而且有些农产品单位体积较大而价格相对较低，其运输费用相对较高。因此，一方面，要采取各种灵活有效的促销手段，制定合理的销售价格，力争就地多销快销，减少产品损耗；另一方面，要加强产品的产品化处理，采用先进技术，进行农产品的保鲜和贮藏，降低产品贮藏腐烂率，并选择灵活的流通方式，保持畅通的运输渠道，利用便捷的交通工具和运输路线，尽量减少运输损失，以取得较好的经济效益，达到农产品经营者营销的目标。

7. 农产品的价值低、利润低

农产品的体积较大、单位体积的价值低，运输、贮藏成本高等。例如，一袋 25 千克的面粉售价仅几十元，从小麦收购开始，需要经过粮商收购、运输到面粉加工厂，面粉加工厂加工后，送到超市门店，就需要两次长距离的运输及多次搬运，其运输及搬运的成本就得达到 10%以上。经营面粉的利润还不如搬运费用。

8. 大宗农产品的营销相对稳定，小宗农产品的营销变化无常

需求量巨大的农产品市场需求及供应量相对稳定，市场变化比较平稳。而小宗农产品的需求变化巨大而供应量相对变化也较大，两者变化重叠或反向导致价格剧烈变化。市场上经常出现的“蒜你狠”“姜你军”就是典型的例子。

第三节　农产品市场营销的观念

一、市场营销观念的演变

市场营销观念是指人们认识和处理营销活动的基本看法和态度，它的实质在于如何认识制约着经营和处理经营者的生产、销售与市场需求的关系。营销观念左右着经营者营销活动的基本方向，制约着经营者的营销目标，关系到经营者管理活动的质量及其成败。树立正确的市场营销观念，才能正确处理好生产、销售和市场需求的矛盾，有效地发挥市场营销的作用，保证营销活动的顺利进行。

在商品经济不同的发展阶段中，市场营销观念也不同。从国外的市场营销观念的发展历史来看，大致经历5个阶段。

1. 生产观念

生产观念是指企业生产什么就卖什么的“以产定销”的观念，它是产生在商品生产还不发达、产品供不应求、物资短缺等卖方市场存在条件下的一种观念，因为是短缺经济，因而不必关心市场需求。经营者的任务是集中精力增加产品产量，增加经营者利润的办法是加强生产管理、降低成本。其特点是：①重点是产品生产；②营利手段是扩大生产；③生产的目的是从多生产中获利。

2. 产品观念

产品观念侧重于提高产品质量，认为消费者欢迎那些质量好、价格合理的产品，生产者应致力于提高产品质量，只要物美价廉，顾客必然找上门，无需大力推销。

3. 销售观念

当生产发展到一定时期，随着新技术的采用，产品品种和产量不断增加，市场由供不应求的“卖方市场”变为供过于求的“买方市场”。此时，生产者所担心的不再是生产问题而是如何销售的问题，经营者开始由生产观念转向销售观念，由以生产为中心转为以销售为中心。技术要为销售服务，市场能销售什么产品，就研究和生产什么产品，实际上是“我卖什么，就动员顾客买什么”。这种营销观念的特点是：①重点是产品销售；②获利手段是推销和促销活动；③经营者的目的是从增加销售中获利。

4. 市场营销观念

20世纪50年代以后，经济增长迅速，经济发达国家的消费已由解决温饱问题变为解决好坏问题。市场迅速饱和，市场竞争更为激烈。而千变万化的消费需求提出高级化、多样化、个性化和时代化的更高要求，不能满足消费者新的需要的经营者不断被淘汰，最终迫使经营者由“以销售为中心”进入了“以消费者为中心”的新阶段。消费者想要什么，经营者就销售什么，生产者也就生产什么。一些国家出现了“顾客是上帝”“用户第一”“消费者总是对的”等口号。市场营销观念是以市场为导向，以顾客为中心的新观念，类似平常所说“以需定产”。它与前面的生产观念和销售观念有许多区别，其特点是：①生产者生产活动的重点是满足顾客需求；②经营者的盈利手段是整体销售、全面经营；③从满足顾客需要中获利。

5. 社会营销观念

近年来，随着世界人口不断增加、资源短缺、环境污染、通货膨胀等社会问题的不断出现，人们对营销观念产生了怀疑，提出“满足人的需要是否一定符合消费者和社会的长远利益”这样的问题。人们认为，在满足消费者某种需要的同时，还应考虑兼顾人的需求和社会利益。

社会营销观念的出现，说明人们从社会多个方面去考虑问题，不仅考虑生产者或经营者的效益，还要考虑社会效益。如美

国有些企业，由于关心社会问题、用户利益和环境污染等多方面的问题，因而取得了较好的声誉，其销售量增加很快，从而获得了较高的利润额。

二、现代营销观念

1. 创造需求的营销观念

现代市场营销观念的核心是以消费者为中心，认为市场需求引起供给，每个企业必须依照消费者的需要与愿望组织商品的生产与销售。

创造需求的营销观念则认为市场营销活动不仅仅限于适应、刺激需求，还在于能否生产出对产品的需要。

2. 关系市场营销观念

传统的交易市场营销观念的实质是卖方提供一种商品或服务以向买方换取货币，实现商品价值，是买卖双方价值的交换，双方是一种纯粹的交易关系，交易结束后不再保持其他关系和往来。

关系市场营销简称关系营销，是为了建立、发展、保持长期的、成功的交易关系进行的所有市场营销活动，其着眼点是与企业发生关系的供货方、购买方、侧面组织等建立良好稳定的伙伴关系，最终建立起一个由这些牢固、可靠的业务关系所组成的“市场营销网”，以追求各方面关系利益最大化。所以，关系营销就是管理市场关系的过程。

关系营销应该在关系各方之间创造一种值得信赖的关系。在建立和维持顾客关系时，买者和卖者都要作出一系列相关承诺，而且要将兑现承诺作为市场营销的责任。

关系的性质是“公共”，是组织与个人、组织与组织之间的互动，而非私人性质的，从而区别于拉关系、走后门、谋私利等庸俗的个人关系。

3. 绿色营销观念

绿色营销观念强调把消费者需求与企业利益和环保利益三者有机地统一起来，它最突出的特点就是充分顾及资源利用与环境保护问题，要求企业从产品设计、生产、销售到使用整个营销过程，都要考虑到资源的节约利用和环保利益，做到安全、卫生、无公害等，其目标是实现人类的共同愿望和需要——资源的永续利用与保护和改善生态环境。

4. 文化营销观念

文化营销观念是指企业成员共同默认并在行动上付诸实施，从而使企业营销活动形成文化氛围的一种营销观念。企业文化是企业内部全体员工共同信奉和遵从的价值观、思维方式和行为准则。

5. 整合营销观念

整合营销的核心是从长远利益出发，公司的营销活动应囊括构成其内、外部环境的所有重要行为者，它们是供应商、分销商、最终顾客、职员、财务公司、政府、同盟者、竞争者、传媒和一般大众。

(1) 供应商营销，即把供应商看作合作伙伴，设法帮助他们提高供货质量及及时性。

(2) 分销商营销，即积极与分销商交流与合作，以获取他们的支持。

(3) 最终顾客营销，即公司通过市场调查，确认并服务于某一特定的目标顾客群。

(4) 职员营销，即通过培训提高职员的服务水平，增强敏感性及与顾客融洽相处的技巧；强化与职员的沟通，理解并满足他们的需求，激励他们在工作中发挥最大潜能。

6. 体验营销

体验营销是社会经济从产品经济时代、商品经济时代、服务

经济时代发展到体验经济时代的必然产物。

体验营销是指企业从感官、情感、思想、行动和关联诸方面设计营销理念，以产品或服务为道具，激发并满足顾客体验需求，从而达到企业目标的营销模式。

【案例】

史老汉南下闯猪市

从鸦鹊岭到宜昌，到走出湖北省进入湖南省和广东省，史老汉仅仅用了5个年头，就靠营销生猪在物流领域开辟了一个令人瞩目的广阔市场。

养猪、收猪和卖猪，几乎凝聚了史老汉迄今为止生存的全部内容。10余年间，他经历无数的风风雨雨甚至生死考验，但他觉得最难忘的是他寻找开发生猪市场的“三级跳”。改革开放之后，农民开始喂养商品猪，但大家最愁的就是“卖猪难”。几年前史老汉在宜昌见过一家肉联厂，随后，他就租了一辆小货车，把十几头猪拖到约50千米外的宜昌，卖给了这家肉联厂。打开从鸦鹊岭到宜昌的生猪通道，这是零的突破，对于“从农村走向城市”是很有意义的“第一跳”。

史老汉又在这家肉联厂见到了几辆来自湖南省的运猪车。他开着面包车拉了十几头猪，悄悄跟踪湖南省的运猪车。经过七八个钟头的颠簸，终于在深夜抵达湖南省澧县生猪调运站。该站长见湖南省的车子后面还跟着辆来自湖北省的“尾巴”，了解情况后，连夜以优惠价收购了生猪。本来史老汉是探路的，打算做个亏本生意，没想到第一回就赚了钱。该站长又详细询问了他们的养猪情况，亲眼见到他能吃苦、人实在，就决定派车直接到鸦鹊岭收购生猪。第二年，该站长竟然来到了鸦鹊岭，经过实地考察，每天在鸦鹊岭调运40头猪。史老汉这神奇的“第二跳”，一下子就把鸦鹊岭农民的生猪卖到了湖南省。

在史老汉的带动下，当地扩大生猪市场，农民养猪的热情空前高涨。1995年，全镇生猪出栏数就突破了10万头。加上史老汉卖猪的名声越来越大，找他卖猪的人越来越多，市场需求量也越来越大。但为了拓展更大的市场，他又对澧县的生猪市场进行了调查。发现澧县的生猪市场是宜昌到广东省的“中转站”。这一次没有像上次那样搞跟踪，而是直接在澧县找到了运猪到广东省的客户。巧合的是，一个是寻找生猪销售的“终点”，一个又是寻找生猪的“源头”。就这样，他俩一拍即合，当即达成鸦鹊岭直销广东的协议。从此，史老汉把生猪的生意直接做到了广东省东莞、中山和深圳等沿海发达城市。

第二章　农产品市场调研与分析

第一节　农产品市场调研的概念和内容

一、农产品市场调研的概念

农产品市场调研即根据农产品生产经营者市场调研的目的和需要，运用一定的科学方法，有组织、有计划地收集、整理、传递和利用市场有关信息的过程。其目的在于通过了解市场供求发展变化的历史和现状，为管理者和经营者制定政策、进行预测、作出经营决策、制订计划提供重要依据。

二、农产品市场调研的内容

农产品市场调研的内容十分广泛，具体根据调研和预测的目的以及经营决策的需要而定，最基本的内容有以下几个方面。

（1）市场环境调研。

（2）消费者需求情况调研。

（3）生产者供给情况调研。

（4）销售渠道的通畅情况调研。

（5）市场行情调研。

（一）市场营销环境调研分析

农民或农产品产销企业的营销活动必然要与社会经济中某些其他经济组织、机构和个人如政府、竞争者等发生联系并受其影响，也受其所处的社会经济等环境因素的影响，所有这些因素构成农民或农产品企业的市场营销环境。市场营销环境是不断变化的，既可能给农民或农产品产销企业带来新的市场机会，也可能带来威胁。因此，农民或农产品产销企业必须重视对市场营销环境的分析，把握环境变化的趋势，识别由于环境变化而带来的机会和威胁，在此基础上趋利避害，扬长避短，制订有效的市场营销策略，才能在竞争中立于不败之地。

农民或农产品产销企业可对以下主要市场营销环境因素进行分析。

1. 政治

国家、地方政府制订的有关农业产业、农产品产销的政策、方针、5年发展规划等。

2. 法律

有关农产品营销的法律、法规、规定、条例、国际惯例、环境保护法等。

3. 经济

如农产品可能销往地区、国家的GDP及顾客的个人收入等决定该市场对农产品的购买力、购买水平的经济指标和数据。

4. 科技

能够提高农产品质量、降低成本的先进的栽培、育种、生产、加工、包装、销售等科学技术及其发展动态。

5. 竞争态势

分析农产品市场竞争激烈的程度和竞争者情况，做到“知此知彼，百战不殆”。

（二）顾客需求调研分析

通过顾客需求调研分析能够识别、掌握农产品顾客需求及其规律，使农产品营销有针对性，提高农产品适销对路的能力。

1. 分析顾客对农产品需求的种类

通过分析顾客需要什么样的农产品，如天然的、无公害的、有机的，以便于农民或农产品产销企业选择生产哪类农产品。

2. 分析顾客对农产品需求的档次

即分析顾客对某农产品的需求是需要高档的还是大众化的，这是农民或农产品产销企业对某农产品决定其产销等级的依据。

3. 分析顾客对农产品需求的量

即分析顾客对某农产品需求的数量，以便农民或农产品产销企业对某农产品决定其产销多少的依据。

4. 顾客需求类型分析

现代顾客对农产品的需求是多种多样的，既有生理性需求，如吃、喝、穿衣等，也有社会性需求，即顾客因社会生活而产生的对农产品的需要，如要求农产品礼品式包装以满足交友、工作等需要；既有物质性需求，如对看得见摸得着的鸡鸭鱼等的需求；也有精神性需求，如通过农家乐旅游陶冶情操、轻松愉悦等。所以，应通过分析顾客对某农产品的需求类型，研制开发适合顾客需要的农产品，以使顾客满意。

第二节 农产品市场调研的方法

一、问卷调查

问卷调查是市场营销调研中较常用且有效的方法，是用于收集第一手资料的最普遍的工具。通过问卷调查可以使经营者根据调查结果了解市场需求、消费者倾向等，从而作出相应决策，促进经营者的发展。

调查问卷的设计是市场调研的一项基础性工作，需要认真仔细地设计、测试和调整，其设计是否科学直接影响到市场调研的成功与否。

（一）调查问卷设计的主要原则

1. 主题明确

根据调查目的，确定主题，问题目的明确，突出重点。

2. 结构合理

问题的排序应有一定的逻辑顺序，符合被调查者的思维程序。

3. 通俗易懂

调查问卷要使被调查者一目了然，避免歧义，愿意如实回答。调查问卷中语言要平实，语气诚恳，避免使用专业术语。对于敏感问题应采取一定技巧，使问卷具有较强的可答性和合理性。

4. 长度适宜

问卷中所提出的问题不宜过多、过细、过繁，言简意赅，回答问卷时间不应太长，一份问卷回答的时间一般不多于30分钟。

5. 适于统计

设计时要考虑问卷回收后的数据汇总处理，便于进行数据统计处理。

（二）设计调查问卷的程序步骤

设计调查问卷要求思路清晰，辅以设计技巧及耐心。设计调查问卷的过程应当遵循一个符合逻辑的顺序。基本步骤如下。

（1）深刻理解调研计划的主题。

（2）确定调查表的具体内容和所需资料。

（3）逐一列出各种资料的来源。

（4）写出问题，要注意一个问题只能包含一项内容。

（5）决定提问的方式，哪些用多项选择法；哪些用自由回答法；哪些需要作解释和说明。

（6）将自己放在被调查人的地位，考察这些问题能否得到

确切资料，哪些能使被调查人方便回答，哪些难以回答。

(7) 按照逻辑思维，排列提问次序。

(8) 每个问题都要考虑怎样对调查结果进行恰当的分类。

(9) 审查提出的各个问题，消除含义不清、倾向性语言和其他疑点。

(10) 以少数人应答为实例，对问卷进行小规模的测试。

(11) 审查测试结果，对不足之处予以改进。

(12) 打印调查问卷。

(三) 调查问卷的组成

正式调查问卷一般由 3 部分组成。

1. 前言

主要说明调查主题、调查目的、调查的意义等。最好强调调查与被调查者的利害关系，以取得消费者的信任和支持。

2. 正文

问卷的主体部分。依照调查主题，设计若干问题要求被调查者回答。这是问卷的核心部分，一般要在有经验的专家指导下完成设计。

3. 附录

可把有关调查者的个人档案列入，也可以对某些问题附带着说明，还可以再次向消费者致意。附录可随各调查主题不同而增加内容。结构要合理，正文应占整个问卷的 2/3~4/5，前言和附录只占很少部分。

(四) 失败调查问卷存在的问题

一份调查问卷需要对每一个问题进行分析、测试和调整，它的设计是否合理，是否能取得真实可靠的第一手资料，应答人员是否易于回答等。

失败调查问卷的案例与启示。如某经营者设计了一份调查问卷，请消费者回答以下问题。

(1) 如以百元为单位，您的收入是多少？

人们一般不愿意透露自己的收入，何况未必知道以百元为单位的收入。

(2) 您是偶然地还是经常性地购买高端农产品？

偶然与经常进行判断的标准是什么呢？

(3) 您喜欢我们的产品吗？

这个问题的目的何在，是或否中能了解什么呢？对于没有购买过自己产品的顾客又如何回答呢？

(4) 今年4月里您在电视上看到几次我们产品的广告？

谁会记得呢？

(5) 您认为在评价产品生产商时，最显著的、决定性的属性是什么？

什么是最显著的、决定性的属性，太笼统，使得应答人无从回答。

(五) 问卷的提问方法与技巧

一份调查问卷要想成功取得目标资料，除了做好前期大量的准备工作外，在具体操作设计问题时，一般有两种提问方式：封闭式提问和开放式提问。提问方式从一定程度上决定了调查问卷水平质量的高低。

1. 封闭式提问

封闭式问题指被调查人在包括所有可能的回答中选择某些答案。这种提问法便于统计，但答案伸缩性较小，较常用于描述性、因果性调研。下面列出调查问卷中最常用到的一些封闭式问题的形式。

(1) 两项选择题。

1个问题提出两个答案供选择。

例如，你购买农产品最注重牌子吗？

A. 是（　　）；B. 否（　　）。

(2) 多项选择题。

1个问题提出3个或更多的答案供选择。

例如，你购买某中产品的最主要原因是：

A. 名牌产品；B. 广告吸引；C. 同事推荐；D. 价格适中；E. 售后服务好；F. 其他( )。

(3) 李克特量表。

被调查者可以在同意与不同意之间选择。

例如，你如何看待"外国牛奶比国产牛奶质量好"的说法？

A. 很赞成；B. 同意；C. 不同意也不反对；D. 不同意；E. 坚决不同意。

(4) 重要性量表。

对某些属性从"非常重要"到"根本不重要"进行分等。

例如，经营者的服务对于消费者是：

A. 非常重要；B. 很重要；C. 重要；D. 无所谓；E. 不重要；F. 根本不重要。

(5) 分等量表。

对某些属性从"质劣"到"极好"进行分等。

例如，永辉超市的服务是：

A. 极好；B. 很好；C. 好；D. 尚可；E. 差；F. 极差。

(6) 语意差别法。

在两个意义相反的词之间列上一些标度，被调查人选择他或她愿意方向和程度的某一点。

例如，您对本商店的看法。

要求被调查者回答一些有关事实的问题。

例如，通常你每星期去几次服装商店？

以上这些形式都是问卷调查中经常用到的，可灵活地使用。

2. 开放式问题

开放式问题允许被调查人用自己的话来回答问题。这种方式提问由于被调查者不受限制，因此，可揭露出许多新的信息，供调查方参考。开放式问题运用于探测性调研阶段，了解人们的想法与需求。一般来说，开放式问题因其不易统计和分析，所以，在一份调查问卷中只能占小部分，对于开放式问题的选择要谨慎，所提的问题要进行预试，再广泛采用。下面列出开放式问题的一些形式。

(1) 自由式。被调查者可以用几乎不受限制的方法回答问题。

例如，您对本商店的服务有何意见和建议?

(2) 词汇联想法。列出一些词汇，每项由被调查者提出他头脑中涌现的几个词。

例如，当您听到下列字眼时，您脑海中涌现的第一个词是什么?

恒源祥——纯羊毛、老字号、做工好……。

海尔——质量好、信誉高、售后服务好……。

(3) 语句完成法。提出一些不完整的语句，每次1个，由被调查者完成该语句。

例如，当我运动后，我想喝——。

(4) 故事完成法。提出1个未完成的故事，由被调查者来完成它。

例如，在饭店吃饭时，端上来的菜与你点的菜有区别时，你会……。

请完成这个故事。

(5) 主题联想测试。提出一幅图画或照片，要求被调查者根据自己的理解虚构一个故事。

例如，图上画着很多妇女的手推车中都放着同一种产品，她们还围在一起谈论着什么。

要求被调查者编一段100字左右的故事。

以上是问卷调查中进行开放式提问的几种形式，在具体设计时根据实际情况灵活、适当地应用，可起到较好的作用。

二、案头调研

市场营销调研，不论它的内容如何，按信息来源不同，可分为案头调研与实地调研两种形式。案头调研：对已经存在并已为某种目的而收集起来的信息进行的调研活动，据以判断他们的问题是否已局部或全部地解决，即使进行实地调研，也需要案头调研提供参考资料。

当一个市场的资料有限而且已有可靠的文字资料时，案头调研往往是比较有效的调研方法。但是当需要更深入地了解一个市场情况时，实地调研是必不可少的。因此，案头调研往往是实地调研的基础和前奏，案头调研的任务有：为实地调研提供背景材料，为确定调查市场提供资料，可用于市场趋势分析和对总体参数的估算，可以为经营者的内部改革提供依据。显然，案头调研在市场营销调研中占相当的比重。开展案头调研工作最主要的是获取第二手资料。

三、实地调研

在一些情况下，案头调研无法满足调研目的，收集资料不够及时准确时，就需要适时地进行实地调研来解决问题，取得第一手的资料和情报，使调研工作有效顺利地开展。所谓实地调研，就是指对第一手资料的调查活动。

一手信息的搜集方法，通过详细的设计和组织下，按照调查方案直接向被调查者搜集原始资料的调查方法。该方法具有针对性、实用性和真实性，而且由于信息来源可知、搜集方法可控、调查方法可选，所以，信息资料更具可靠性、准确性和适应性。

一手信息的搜集方法主要有观察法、调查法、试验法等。

调查方法的选择依据。

以上所述的调查方法是市场调查中常用的，每种方法各有所长，具体调查过程中，究竟采用哪一种方法，应根据调查目的，要求和调查对象的特点来相应选择。一般应考虑如下一些因素。

（1）调查项目的伸缩性。调查内容只要求一般回答的，宜采用邮寄、网上计算机调查；需要灵活改变题目、深入探求的内容则以面谈访问或电话访问为好；如调查项目要求取得较为真实可靠的数据，则以直接观察调查和市场试验为好。

（2）需要调查资料的范围。资料范围广泛，可采用邮寄、网上调查；调查项目资料简单的可用电话访问。

（3）调查表及问卷的复杂程度。较复杂和要求较高的，宜采用面谈、市场试验等调查方法；一般的和较简单的则可采用邮寄、网上调查。

（4）掌握资料的时效性需要调查的项目亟须收集到一定的信息以利迅速决策时，宜采用电话访问或面谈访问；时效性要求不太高，不很紧迫的可采用其他几种方法。

（5）调查成本的大小。根据调查项目的规模、需要和目的，调查者的人力、物力、财力，在保证调查质量的前提下，精打细算，统筹安排调查方法，以求事半功倍。

在实际工作中，选择一种或多种调查方法，可大致考虑以上一些因素，但是经济现象是千变万化发展的，要灵活进行选择。可选择一种方法为主，辅以其他方法，或是几种方法并用的形式，会取得好的效果。

第三节　农产品市场调研的实施

一、调查方案的确定

（一）调查方案的概念

调查方案就是根据调查研究的目的和调查对象的性质，在进行相关项目实际调查之前，对调查工作总任务的各个环节和内容进行合理安排，提出相应的调查事实方案，制定合理的工作进程表。

（二）调查方案的内容

1. 调查目的

调查目的就是要明确在调查中要解决哪些问题，通过调查要取得哪些资料及其用途等问题。明确调查目的是调查方案设计的首要工作。只有调查目的明确，才能确定调查的范围、内容和方法，否则，不是列入一些无关紧要的调查项目，就是漏掉了重要的调查项目，达不到预期目标。

2. 调查对象

调查对象就是根据调查目的、任务确定调查的范围及所要调查的抽样个体。

3. 调查项目

调查项目是指对抽样调查的个体进行调查的主要内容，调查项目就是要明确向被调查者要了解的具体问题。

在确定调查项目是，除了要考虑调查目的和调查对象的特点外，还必须考虑：确定的调查项目是调查任务所需，并能够取得答案。调查项目的表达必须准确，要使答案具有确定的表示形式。调查项目的含义要明确，不能模棱两可，否则，会造成被调查者无法准确理解调查项目而无法完成调查。

4. 调查方式

依据调查目的和任务选择合理的调查方式。调查方式也可以采用多种方式组合使用。而且，调查方式也因调查经费、时间、人力及其他因素的影响。

5. 设计调查问卷

确定调查项目后，必须将调查项目科学合理的分类和排序，方便调查实施和汇总调查结果。

调查问卷一般由表头、表体、表脚3部分组成。表头包括调查问卷的名称、调查单位的名称、性质等，其目的是核实单位情况。表体是调查问卷的主要部分，包括调查项目、栏号、计量单位等。表脚包括调查者和填报人的签名和调查日期等，其目的是为了方便核对，查找问题，明确责任等。此外，调查问卷设计好后，为了便于填报，需要统一规格，一般还要附填表说明。填表说明还包括问卷中各个项目的解释，相关的计算方法、填报注意事项等。

6. 调查地点

根据调查目的和任务，划定调查区域和调查位置。

7. 调查时间及期限

调查时间是指调查资料收集的具体日期及时间。如果调查的是时点现象，就要明确规定统一的标准调查时点。

调查期限是规定调查工作的开始时间和结束时间。包括从调查方案设计到提交调查报告的整个调研时间。调查期限往往会规划各个阶段的时点节点。

8. 调查资料的整理及分析

采用调查方法收集的资料大多是反映事物的表象，要揭示事物的本质、内涵和规律，就要运用科学的分析方法，对原始资料进行统计和分析。在设计问卷时要考虑计划采用的具体资料整理统计及分析方法。

9. 调查报告的形式及要求

统计的数据并不能直接应用，还要进行科学的深入的研究，才能将事物的表象变为可以直观的明确的直接的信息，成为决策者进行决策的客观依据。

10. 调查经费预算

市场调查需要相关经费的支持。调查经费预算主要包括调查方案设计费，问卷调查设计费、问卷打印、复印、装订费，调查员培训费、问卷的调查费（交通费、被调查者的误工费、通讯费等)、数据录入费、统计分析费、撰写报告费等。因此，调查是一项费用很高的一项工作，虽然调研费用很高，但是比起盲目上项目的费用要低很多。

二、设计调查问卷

（一）调查问卷的概念

调查问卷又称调查表，是指调查者根据调查目的和要求设计出的由一系列问题、备选答案及说明等组成的向被调查者搜集资料的一种工具。调查问卷设计得好坏，直接关系到所搜集资料的可靠程度和完整程度，是市场调研成果的基础。

（二）调查问卷的结构

1. 问卷标题

问卷标题是概况调查研究的主题，使被调查者对所要回答问题有基本了解。问卷标题要简明扼要，易于引起被调查者的兴趣。

2. 问卷说明

问卷说明旨在向被调查者说明调查的目的、意义。消除被调查者的顾虑，认真完成调查任务。问卷说明一般放在问卷的开头。有时，问卷说明还有填报须知，完成时间、地点及其他事项说明等。

3. 被调查者的基本情况

被调查者的基本情况主要指被调查者的主要特征，如性别、年龄、家庭人口、文化程度、职业、所在地区等。

4. 调查主体内容

调查主体是调查者所要了解的基本内容，也是调查问卷的核心部分。这部分设计得好坏直接关系到调查的价值和成败。

（三）调查问卷的设计原则

1. 目的性原则

问卷调查是通过向被调查者询问问题来进行研究，所以，询问的问题必须要与调查的主题密切相关。因此，设计问卷时，必须重点突出，避免可有可无的问题。

2. 可接受性原则

调查问卷的设计应比较容易让被调查者接受，在问卷说明中，将调查目的明确告知对方，让其知道调查对其是有益而无害。

3. 顺序性原则

设计调查问卷要讲究问卷问题的排列顺序，使问卷条理清晰、顺理成章，以提高问卷收集数据的可靠性。一般容易回答的问题、封闭性的问题放在前面，难以回答的问题、开放性的问题放在后边。

4. 简明性原则

调查问卷的内容要简明、调查的时间要简短、问卷的内容要简易、问卷的形式要简单。

（四）问卷设计的程序

1. 准备

准备是根据调查目的确定收集相关资料的具体内容，通过什么方式调查、调查规模、调查区域和调查对象等。

2. 设计初稿

准备完成后，要设计问卷初稿，将相关调查项目安排在问卷中。要完成每个调查项目需要采取的表达方式、排列顺序、排版方式以及数据统计方式等。

3. 试调查

完成问卷设计后，需要进行小范围的试调查。通过实际的调查，及时发现问卷中的问题和不足，认真修改错误和不足，补充遗漏问题，使问卷尽可能完善合理。

根据调查目的的重要性，可多次试调查，进行修改完善，直到满意为止。

（五）问卷设计的注意事项

（1）避免引用不确切的词语。

（2）避免引导性的提问。

（3）避免提断定性的问题。

（4）避免提出令被调查者难堪的问题。

（5）避免问题与答案不一致的问题。

（6）避免过于笼统的问题。

（7）避免似是而非的问题。

三、数据处理

在进行案头调研和实地调研后，营销调研人员一般已经收集了大量资料。但是，所有这些原始材料不会向调研人员提供清晰的市场面貌，它们是分散、零星的，不会直接显示出所需要的现成答案。为了反映事物的本质，必须把这些原始资料进行整理分析和处理，使之系统化、合理化。市场资料整理分析就是把各种调查所得的数据资料归纳为反映总体特征的数据的过程。

（一）市场数据整理过程

数据的整理分析一般包括以下 5 个程序。

1. 分类

分类是指把资料分开或合并在有意义的类目中，它是数据资料整理的基础，也是保证资料科学性的重要条件。分类的方法有两种：一种是事先分类，即在问卷设计时已将调查问题预先作了分类编号，资料收集后只要按预先的分类进行整理即可；另一种是事后分类，市场调查中有些问题事先无法分类，如购买动机、非结构性问题的询问等，只能在事后分类。资料分类编组一般有按照数量分组、按照时序分组、按照地区分组、按照质量分组这样 4 种类型。

2. 编校

资料的编校工作包括检查、改错，对资料进行鉴别与筛选。编校时要求按照易读性、一致性、准确性和完整性这 4 个标准来进行工作，特别是对完整性的要求尤其重要，即市场调查问卷的所有问题，都应有答案。如果发现没有答案的问题．可能是被调查者不能回答或不愿回答，也可能是调查人员遗忘所致，编校工作者应决定是否再向原来的被调查者询问，以填补空白问题，或者询问调查人员有无遗漏，能否追忆被调查者所做的答复，不然就应剔除这些遗漏了的资料，以免影响资料的完整性和准确性。

3. 整理

数据资料整理的方法有手工、机械和电子计算机 3 种，一般以自己动手组织力量为主。

(1) 手工方法。优点是方法简单，不需要其他机器设备；工作人员只需要接受手工整理的训练；发现错误可随时纠正，成本较低。缺点是遇到大量复杂的数据，整理时间太长。

(2) 机械方法。这是用机械在卡片上打孔的方法。调查表上每一类资料都要根据一定的标准，在规定的部位打孔，经过检查后，运用分类机自动将同一部位的卡片分组，并自动在记录器上计算出张数。这种方法的效率比手工方法高而且可以保证资料

整理的准确性。

（3）计算机方法。电子计算机处理数据是计算机技术的新发展，由于其计算速度快、准确性高，对量大、复杂的数据处理工作特别有效。数据在计算机中进行处理就要将答案变换成代码，代码通常用数字来表示，也可用字母表示。

4. 制表

为了对资料进行分析和对比，必须将编校过的资料根据调查目的和重要程度进行统计分类，列成表格或图式。市场调查资料的列表方式可分为单栏表或多栏表两种。在单栏表里只有一项市场调查资料，如果研究人员只要了解某一种特性的调查结果，则可采用单栏方式。如果想在一张统计表中表示两种或两种以上的特性，则应采用多栏统计表。

5. 鉴定

从总体中抽取样本来推算总体的调查必然带有误差。除了抽样误差外，在实际工作中，由于技术或工作的错误也会造成偏差，这种误差称为系统误差，一般应尽量避免。为了对所抽取的样本证实其是否能代表总体，需要采取一些方法进行鉴定。一种是凭经验鉴定误差，例如，把所得的样本数据与其他标准数据相比较，以验证其代表性；另一种是用适当的公式计算标准误差和置信度，如果计算结果在误差范围之内，则可认为数据是可靠的。

（二）市场数据调整

在收集到的数据中，由于非正常因素的影响，往往会导致某些数据突然偏离正常规律产生忽高忽低。对这些由于偶然因素造成的，不能说明正常规律的数据，应当进行适当地调整和技术处理。对市场数据进行调整的基本方法有以下几种。

1. 剔除法

剔除法就是将那些不能反映正常趋势的数据直接剔除。经分

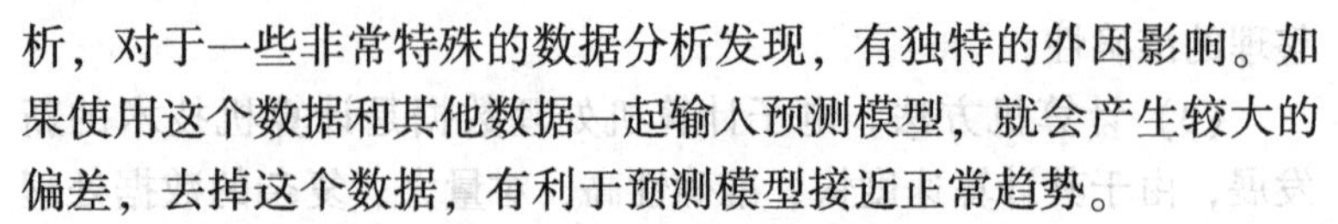

析，对于一些非常特殊的数据分析发现，有独特的外因影响。如果使用这个数据和其他数据一起输入预测模型，就会产生较大的偏差，去掉这个数据，有利于预测模型接近正常趋势。

2. 还原法

当采用剔除法减少数据点不利于分析时，还可采用还原法，把数据处理成排除非正常因素时应该表现出的数据。还原法可用算术平均法及几何平均法计算出两种还原值。这两种方法的选择视整个所得数据的趋势而定。如果数据的发展趋势呈线形，用算术平均法较好；当发展趋势呈非线形的，用几何平均法合适。

3. 拉平法

拉平法主要用来处理商业经营者调整或扩大经营范围，生产能力扩大或调整生产品种后的数列。从上述数列中可以看出，某个时间点有一个跳跃，这个跳跃是因为经营者根据市场需求的发展，经投资扩建，形成了新的生产能力。如按原数列输入预测模型，会造成偏上的误差，如剔除形成新的生产能力以前的数据，那剩下的数据就过少。这时可采用拉平法，形成新的生产能力以前的数据加上新增的生产能力，使之前后的生产能力“拉平”了。

在实际操作中视所收集到的数据进行灵活综合地运用。以上提到的数据调整方法，使调查能够取得一个比较准确可信的成果。

四、调研报告的撰写

市场调研的最后一个步骤就是撰写一份高质量的研究报告，也就是以报告形式表达市场调研所获得的资料和结果，供委托者或本经营者管理层作为营销决策的参考。

调研报告是研究工作的最终成果，也是制定市场营销决策的重要依据，市场营销调研报告的提出和报告的内容、质量，决定

了它对经营者领导据此决策行事的有效程度。一份写得拙劣的报告会把出色的调研活动弄得黯然失色。

（一）调研报告的种类

调研报告根据读者的不同需要可分为专题报告和一般性报告。这两种报告分别适合不同兴趣和不同背景的读者，前者是供专门人员做深入研究，后者供经营者的行政领导或公众参考。

1. 专题报告

专题报告又称技术性报告，在撰写时应该注意尽可能详细，凡在原始资料中所发现的事实都要列入，以便其他专门人员参考。这种详细的专业形式报告使得读者能够清晰了解调研报告的适合程度以及准确程度。因此，一项专业形式的报告应该详述每一个研究步骤以及使用“标准差”这样的专业词汇。

2. 一般性报告

一般性报告又称通俗报告，广泛适合那些只关心研究结果而无兴趣于研究技术的读者。因阅读者人数众多，水平参差不齐，故力求条理清晰，并避免过多引用术语。为了提高阅读人的兴趣，报告要注重吸引力。

（二）调研报告的结构

调研报告的结构一般包括标题封面、目录、研究结果摘要、前言、调查结果、结论和建议、附录共 7 个部分。

1. 标题封面

标题封面要写明调研题目，承办部门及人和日期。这部分让读者知道诸如调研报告题目、报告对象，此项报告由谁完成和此项报告的完成日期。

2. 目录

目录应该列出报告的所有主要部分和细节部分以及其所在页数，以便使读者能尽快阅读所需内容。但如果研究报告少于 6 页，目录则可省去，只要提供明确的标题则可。

3. 摘要

摘要以简明扼要的语言陈述研究结果，以便经营者的决策者或主管在繁忙的时间内迅速地了解到调研的成果，应该采取什么样的措施或行动。因此，摘要是报告中最重要的部分。

4. 前言

在前言部分里要述及调研背景、调研目的和所采用的调研方法。在调研方法里要说明样本设计和抽样方法等。

5. 研究结果

研究结果是调研报告的核心内容。将研究结果做有组织有条理地整理和陈述。图文并茂尽可能地说明问题，便于读者阅读。

6. 结论及建议

研究者的作用不仅在于向读者提供调查事实，而且应该在事实的基础上作出问题的结论并提供建议。

7. 附录

附录是调研报告的结尾部分，它起到以数据图表来表述调研报告的作用。有些与报告主体“调查结果”相关的数据图表由于没有地方放置，通常也被放在“附录”这一部分。另外，问卷实地调查概况也包括在附录里。

第四节　农产品购买行为分析

一、农产品消费者购买行为的特征

由于收入、性格和素养等的不同，消费者的购买心理也会存在一定的差异，而这种心理差异也就会相应地产生多种类型的购买行为。经营者应对影响消费者行为的心理因素加以注意，并进行仔细分析，了解不同消费者的消费态度和信念，进而生产出符合不同消费者心理需求的农产品，并在促销手段上设法迎合不同

消费者的心理需求。有针对性地开展产品营销活动，正确选择目标市场，使消费者的潜在需求变为现实需求，最终实现扩大市场份额的经营目标。

1. 农产品消费者多而分散

消费者市场是一个人数众多、幅员广阔的市场。因为，农产品消费涉及每一个人和每个家庭，消费者多而分散，没有固定的群体。由于所处地理位置的不同，闲暇时间的不一致，造成了购买地点和购买时间的分散性。

2. 少量多次

农产品消费主要是以个人和家庭为购买和消费单位的，由于受到消费人数、需要量、购买力、储藏地点和商品保质期等诸多因素的影响，消费者在购买的时候为了保证自身的消费需要以及产品的保质需要，往往购买的量较小、次数较多，所以，会经常购买。

3. 购买的差异性大

消费者受年龄、性别、职业、收入、文化程度、民族和宗教等因素的影响，其消费需求有很大的差异性，所以，对农产品的要求也各不相同，而且随着社会经济的发展，消费者的消费习惯、消费观念、消费心理也在不断发生变化，从而导致购买差异性大。

4. 大多属于非专家购买

相应的专业知识、价格知识和市场知识，是绝大多数农产品消费者在购买的时候所缺乏的，尤其是某些技术性较强、操作比较复杂的商品，更显得知识缺乏。所以，通常情况下，消费者在购买一个物品的时候，往往受感情因素的支配。因此，广告宣传、商品包装以及其他促销方式，很容易影响消费者的消费情况，并使之产生购买冲动。

5. 购买的流动性大

当前市场经济比较发达，人口流动性大，消费者在对商品进行购买的时候必然会慎重选择，由于消费者的消费行为经常在不同产品、不同地区及不同企业之间流动，所以，导致消费购买的流动性大。

经营者在认清消费者购买的特点后，根据消费者购买特征来制定营销策略，更有助于经营者规划经营活动，更好地开展市场营销活动，并最终实现经营目标。

二、农产品消费者购买行为的类型和购买习惯

（一）消费者购买行为的类型

根据消费者的购买行为进行分类，可以将消费者的购买行为大致分为以下几种类型。

（1）理智型。这类消费者普遍具有一定的商品知识，注重商品的性能和质量，讲究物美价廉。

（2）价格型。有两种情况表现在这类消费者身上：一是对高档、高价格商品感兴趣者，认为一分钱一分货，要买就要买好的（贵的）；二是以价格低廉为选购商品的前提条件，对“优惠价”“打折价”商品感兴趣。

（3）求新型。这类消费者爱赶“时兴”，讲究“奇特”，追求商品的新颖样式，往往不问价格和质量。

（4）感情型。这类消费者很注重产品的造型和色彩，他们具有丰富的想象力，由于情感反应而产生购买行为，对商品的外表、颜色等比较重视，并衡量是否符合自己的想象来作为购买的依据。

（5）习惯型。因受职业、年龄、生活习惯等影响，这类消费者对某些厂家、某种品牌的产品已经产生了信任或偏爱，形成了长期使用某种产品的习惯，对品牌有一定的忠诚度。

（6）不定型。这类消费者大多不是常买东西，对市场情况和商品性能不熟悉，购买时犹豫不决，随机性很大。

例如，通过对购买苹果的消费者进行研究之后，发现主要有以下几种类型影响他们对苹果的购买行为。

①理智型：这类消费者的目标性强、有主见，当他认识到吃苹果好处的时候，他一般会坚持吃。可能他的消费具有多样性，但不管该苹果属于什么品种、拥有怎样的品质，必须要天天有苹果；为了实现吃苹果的目标，价格、质量等因素可能成为其购买苹果的次要因素。

②大众型：市场和周围消费者的行为，容易影响这类消费者的消费行为。他的苹果消费通常是随大流，看到苹果上市他就会去买。自己没有明确的目标，看到别人买也会去买，而到了苹果淡季或者没有人买苹果的时候，他的苹果消费很快就会被遗忘。

③经济型：如价格、收入、降价等因素，都会对这类消费者的苹果消费行为产生影响。对苹果的价格变化十分敏感，甚至有些消费者还会在心里确定一个目标，其基本消费目标是价廉物美，只有当苹果的价格和他的理想价格相一致时他才有可能购买：苹果价格上涨时消费明显减少，苹果降价促销时购买大量苹果。还有一部分消费者由于对苹果的品质没有充分的了解，所以，往往会用价格来对苹果的品质进行判断，认为价格较贵的质量也相对较好。对于细心的苹果销售者，了解了不同消费者的心理之后，可以根据不同消费者的消费心理采取相应的措施，对消费者的购买行为产生影响，从而达到自己产品销售的目的。

（二）消费者的购买习惯

消费者的购买习惯，主要是指何时、何处和如何购买等问题。

1. 消费者何时购买

很多因素影响消费者对商品的购买时机，这些因素主要有消费的速度、消费季节、生活习惯和经济环境等。

（1）消费速度。有的商品需要经常购买，有的商品一年才购买1次，有的几年才购买1次。有的商品使用寿命长，则购买的频率低。针对不同的消费速度，经营者要采取不同的营销策略，以达到自己的销售目标。

（2）消费季节。按季节不同，可将销售季节分为旺季消费和淡季消费。在节假日，水果、蔬菜、肉类等鲜活农产品是消费旺季，但是，大部分农产品上市的旺季和淡季与居民消费的淡季和旺季往往不一致。所以，如何通过调整上市季节来满足消费旺季需求量大的问题，需要农业经营者仔细考虑。

（3）不同的购物时间。一般而言，家庭主妇习惯在上午购买；工作女性大多在下午或周末购买；夫妇上街购买以休息天为多；星期天和节假日各大商场的购买量最为集中。所以，在消费高峰时经营者要适当延长时间，同时，还要做好产品准备，以防脱销。

（4）经济环境影响消费。一般而言，国家经济指数增长缓慢时，购买次数减少；居民收入增加时，购买力加大；消费者担心错过机会而提前购买，往往是因为商品供不应求。

可以通过对消费者购买时机进行调查分析，找出消费者购物的规律性，并针对消费者旺季和淡季的消费特点，将生产和销售时间作出相应调整。掌握顾客在商品购买时间方面的习惯，便于统筹安排货源，从而增加商品销售量。

2. 消费者在何处购买

也就是说，要了解消费者的消费地点。通常来讲，有以下几种情况。

（1）消费者会在居住地附近或工作单位附近的小型农贸市

场购买每天需要的蔬菜和肉类等。

(2) 加工精细、品质优良的农产品和名优产品等产品，消费者往往会在大型农产品商贸中心等地方购买。

(3) 在大型的超市购买，超市的特点是品种多、规格齐和价格低，便于集中和大宗选购。

(4) 购买力低的人，爱在一些分散、价格低廉的小卖摊上购物；购买力高的人，大多喜欢光临高档超市。

分析消费者在何处购物，可以使营销者针对商品特点和消费者的购买规律选择合适的地点进行推销。

3. 消费者如何购买

广大消费者的普遍要求就是购买方便，其范围比较广，通常包括以下几个方面。

(1) 要求商品的品种、规格多样化。

(2) 要求商品形态多样化，如肉类食品应有鲜货、腌制品和卤制品等不同种类。

(3) 在时间上要求货不断档，随时可以买到。

(4) 在包装上要求容易识别、携带、使用和陈列等。

(5) 在付款方式上要求有现金、刷卡等。

(6) 在购买方式上要求有现场购物、托运和送货上门等。

(7) 在地点上要求尽可能地就地、就近购买。

三、影响农产品购买行为的因素

农产品购买行为是一个比较复杂的过程，整个过程受到多个因素的作用和相互影响。随着消费者收入水平的不断提高和消费品种的日益丰富，消费者的购买行为表现得更加丰富多彩、复杂多样。虽然消费者的个别购买行为千差万别，但通过形形色色的购买行为，也不难发现农产品的购买行为受着一些共同因素的影响。

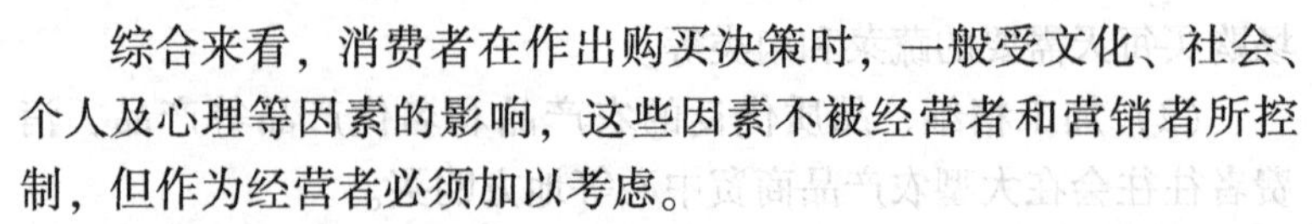

综合来看，消费者在作出购买决策时，一般受文化、社会、个人及心理等因素的影响，这些因素不被经营者和营销者所控制，但作为经营者必须加以考虑。

1. 文化因素

人类生活在一定的社会环境中，会形成一些共同的价值观、信仰、态度、道德与习俗等，这些即是人类文化的表现。文化是人类欲望和行为最基本的决定因素。消费者的购买行为同样会受到其文化、亚文化背景的深刻影响。

文化不同，消费者的消费习俗不同，购买行为就不同。例如，西方有感恩节，在感恩节期间火鸡和南瓜是必不可少的食品，而我国却没有这一文化和习俗。同样，我国的传统节日，如春节、端午节等在特殊文化背景下产生的节日，在国外却没有，相应的农产品需求和购买行为也有很大的差别。又如，受中国传统文化的影响，无论是古人还是今人，无论是穷还是富，无论身份贵贱，无论城市还是农村，都有"爱面子"的文化基础，人们将送礼、维系体面和关系等视为基本需求，将争面子或礼尚往来列入基本行为规范，从而形成了恒久而普遍的面子消费行为，造就出非常大的消费市场——礼品市场。"面子消费"的特征是：受收入限制低，对价格不敏感；购买者与使用者分离，中看不中用；购买价值的中心是体面和关系；对包装和寓意等高度关注；与节日和办事目标高度相关。

文化的原因使消费者形成了稳定的购买心理和购买行为。例如，春节是我国广大消费者都非常重视的传统节日，在这时大量购买、大量消费已经成为我国大多数消费者的传统消费模式。

此外，文化也是消费者偏好形成的一个重要原因，从而形成了各地不同的风俗习惯以及饮食习惯。

2. 社会因素

所谓受社会因素的影响，是指消费者的购买行为由于受消费者所接触的社会群体的影响，其购买行为也表现出不同的特点。这些群体分为主要群体、次要群体和渴望群体等。

主要群体是接触频繁并相互影响的群体，如家庭、邻居、同事、朋友等。他们会相互讨论农产品的价格是否合理，怎样鉴别某种农产品的品种和质量，如何烹调更加鲜美等。他们往往对消费者农产品的购买行为产生直接的影响，对消费者的示范作用较为强烈。

次要群体是指与消费者有关的各种群众团体和组织。如宗教、社会团体、职业团体、党派、学会等，他们对消费者的行为产生间接影响。

渴望群体指消费者渴望加入作为参照体的个人和组织。如利用消费者对明星的崇拜和模仿，邀请明星为农产品做广告，宣传某种农产品对健康的益处等。

3. 个人因素

购买农产品最主要的还是受个人因素的影响，个人因素主要包括年龄、性别、经济状况、个性、职业等。

（1）年龄。年龄不同，消费者对于农产品有不同的需要和爱好。营销者应该区分不同年龄的消费者，对于青年人占较大比例的区域，适宜销售那些创新产品，而对于老年人居住区，则更多地偏重于传统产品的销售。

（2）性别。一般而言，女性是家庭购买行为的主要发起者、决策者和购买者。她们在家庭生活消费支出中处于绝对地位。农产品是家庭生活中最主要的消费品，因此，在农产品营销中，营销的对象应该倾向于女性消费者。

（3）经济状况。经济状况决定着个人和家庭的购买能力。收入水平高的消费者是进口农产品和高档农产品的主要消费群体；而低收入群体在消费时，则追求物美价廉、实用；中等收入人群是农产品消费者中最具购买潜力的消费群，由于有稳定的收入，他们在购买时比低收入群体更果断，消费能力更强。

(4) 个性。所谓个性，是指能导致一个人对自身环境产生相对一致和持久反应的独特心理特征。每个人都有与众不同的个性，由于个性不同，其购买行为也表现出明显的差异性。例如，对于奶制品的消费，一些消费者喜欢喝纯牛奶，而有些消费者则喜欢喝酸奶，还有一些消费者喜欢喝加入其他成分的混合奶制品。为此，奶制品生产企业可以生产出各种各样的产品以适应不同消费者的购买行为，如除了生产纯牛奶、酸牛奶之外，红枣奶、核桃牛奶、麦香奶、果蔬酸酸乳等产品也不断推出。

(5) 职业。不同职业的消费者由于对农产品的消费态度和消费理念的差异，其购买行为也表现出一定的差异性。脑力劳动者比较注重营养，在购买过程中，通常会选择营养丰富的农产品。另外，与体力劳动者比较起来，茶叶、咖啡产品的销售对象则更多倾向于脑力劳动者，因为他们工作时间长，更需要提神醒脑。医生由于对健康营养知识更了解，他们会有针对性地选择农产品进行购买，而对于普通消费者来讲则不然。

4. 心理因素

一般而言，心理因素在影响消费者购买行为的因素中处于支配性的主导地位。在消费行为的形成过程中，消费者首先受到某种信号的刺激，内心产生消费欲望与需求。当需求达到一定程度的时候，会引发指向某特定目标的购买动机。在动机的驱动下，消费者搜寻相关的产品信息，然后根据个人偏好，从质量、价格、品牌等方面对产品进行分析比较。最后作出购买决策，并进行实际购买。购买后消费者还要根据自己的感受进行评价，以形成购买经验。在以上的整个活动中，消费者的心理因素起着决定

性的作用。文化、社会、个人及心理因素是影响农产品购买行为的四大因素，其关系如下图所示。

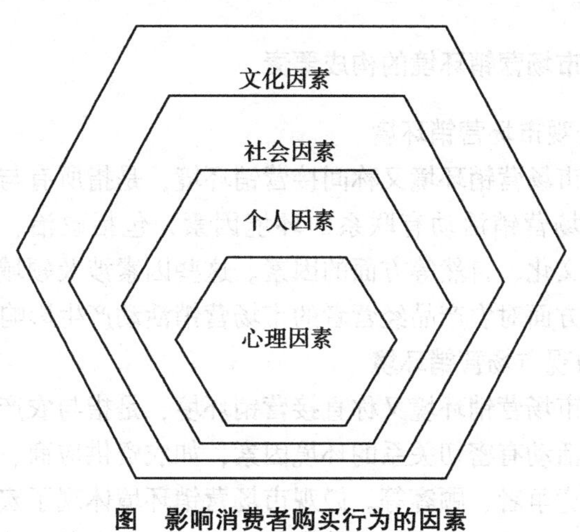

图　影响消费者购买行为的因素

第五节　农产品营销环境分析

一、市场营销环境

市场营销环境是指影响产品经营者生产经营活动的各种内外部因素的总和，它包括内部环境和外部环境，或宏观环境和微观环境。所谓农产品市场营销环境，就是指影响农产品经营者经营活动的各种内外部因素的总和。

农产品经营者外部环境是外在于农产品经营者的客观存在，它是不以人们的意志为转移，对农产品经营者来说，属于不可控因素，农产品经营者无力改变。但是，农产品经营者可以通过对内部因素的优化组合，去适应外部环境的变化，保持农产品经营者内部因素与外部环境的动态平衡，使农产品经营者不断充满生机和活力。

二、市场营销环境的构成要素

1. 宏观市场营销环境

宏观市场营销环境又称间接营销环境，是指所有与农产品经营者的市场营销活动有联系的环境因素，包括政治、经济、科技、社会文化、自然等方面的因素。这些因素涉及领域广泛，主要从宏观方面对农产品经营者的市场营销活动产生影响。

2. 微观市场营销环境

微观市场营销环境又称直接营销环境，是指与农产品经营者市场营销活动有密切关系的环境因素，如农资供应商、农产品营销中介、竞争者、顾客等。微观市场营销环境体现了宏观市场营销环境因素在某一领域里的综合作用，对于农产品经营者在当前和今后的经营活动中，产生直接的影响。

三、农产品市场宏观环境

农产品宏观市场营销环境，是指间接营销环境对农产品营销活动的影响，主要体现在农产品经营者的营销活动与宏观环境的适应性上。农产品经营者只有不断适应宏观环境的变化，才能保持旺盛的生命力，在竞争中立于不败之地。

（一）人口环境

人口环境与市场营销的关系十分密切，因为人是市场的主体。农产品经营者的人口环境包括人口的数量、密度、居住地点、年龄、性别、种族、民族和职业等情况。近年来，人口环境主要有以下几个方面的变化。

1. 年龄结构

越来越多的国家趋向于老龄化，势必给农产品经营者带来机会和威胁。不同年龄的消费者对农产品的种类需求不同，农产品生产经营者可根据目标市场年龄的结构细分消费市场。例如，针对婴儿、儿童、青年、成年人、老年人等市场，开发出满足不同市场需求的蔬菜、瓜果和花卉品种。又如，一般老年人多爱养盆花，而青年人更多的是喜爱消费鲜切花；老年人注重蔬菜、瓜果的食用和保健等价值，而青年人更多的是追求新奇。在生产经营中应注意不同年龄人的需求，以便更好制定营销策略。

2. 性别结构

人口环境的性别结构不同，市场需求也含有明显的差异。例如，大多数女性出于美容的需求，会更多地购买一些具有美容功能的水果、蔬菜，因此，农产品经营者应当注意该类产品的开发。

3. 家庭结构

家庭是生产和消费的基本单位，家庭的数量直接影响到农产品需求数量。目前，世界上普遍呈现家庭总数增加而规模缩小，家庭模式呈多元化的趋势。小规模家庭对高档的、精细加工的和包装精美的农产品需求呈增加趋势。

4. 职业结构

不同职业往往对农产品有不同的消费偏好。例如，追求生活质量与品味的人多消费高档农产品，而技术操作岗位人员喜爱消费中低档农产品。

（二）经济环境

经济环境直接影响到农产品经营者的经济效益。营销总是在一定的经济环境下展开，因此，在进行营销活动前必须全面了解、分析经济环境。

构成经济环境的因素主要有以下内容。

1. 国家的经济发展战略

国家的经济发展战略是对国家在一定时期内经济发展目标、方向、道路从总体上作出的最基本的概括和描述。作为农产品经营者，一定要经常关心国家经济发展战略，特别是农业方面的方针政策，了解未来若干年国家的农业经济运行状态，进而为农产品经营提供参考依据。

2. 消费者支出模式

随着消费者收入的变化，消费者支出模式会发生相应变化，继而使一个国家或地区的消费结构发生变化。西方一些经济学家常用“恩格尔系数”来反映这种变化。恩格尔系数表明，在一定的条件下，当家庭个人收入增加时，收入中用于食物开支部分的增长速度要小于用于教育、医疗、享受等方面的开支增长速度。食物开支占总消费量的比重越大，恩格尔系数越高，生活水平越低，此时园艺类农产品尤其是花卉等非必需的享受型农产品消费量也就越低。

3. 消费结构、特点和趋势

每个国家在某一个时期都有自己独有的消费结构和消费特点。消费结构决定了某类产品的销售总量，而消费特点决定了在消费总量下的消费分布，消费趋势则决定未来消费的方向。如果农产品经营者能够掌握经济发展中的这些消费趋势，并制订出与之相适应的营销方案，就可以促使农产品经营者运作成功。

4. 人口数量、构成以及分布情况

人口的数量决定了消费的规模，特别是食物消费的规模；人口的构成决定了消费的取向；人口的分布决定了消费的地域特征。

因此，农产品经营者应密切关注人口特性及其发展动向，不失时机地抓住市场机会。当出现危机情况时，应及时、果断地调整市场营销策略，适应人口环境的变化。

（三）科学技术环境

现代社会生产力水平的提高，主要依靠设备的技术开发，创造新的生产工艺、新的生产流程。同时，技术开发也扩大和提高了劳动对象的利用广度和深度，不断创造新的原材料。例如，农业技术的不断改进，对农产品的成活率、产量、质量、口味等都有着重要的影响。科学技术的发展使产品更新换代速度加快，产品的市场寿命周期缩短。农业科学技术的发展，也使名、优、特、新的蔬菜、水果、花卉新品种不断在市场上推出，炙手可热的技术和新产品转瞬间成为"明日黄花"。这要求农产品经营者不断地进行技术革新、更新品种，赶上技术进步的浪潮。市场营销人员也应顺应产品发展的形势，采取相应的对策。

（四）社会文化环境

文化是指在某一社会里，人们所共有的、由后天获得的各种价值观念和社会规范的综合体，即人们生活方式的总和。它包括各种社会组织、生活规则、信仰、艺术、伦理道德、风俗习惯、法律、审美观、语言文字等。

1. 价值观念

价值观念就是人们对社会生活中各种事物的态度和看法。在不同的文化背景下，人们的价值观念相差很大。消费者对农产品的需求和购买行为深受其价值观念的影响。对于乐于变化、喜欢猎奇、富有冒险精神、较激进的消费者，应重点强调农产品的新颖和奇特；而对一些比较注重传统、喜欢沿袭传统消费习惯的消费者，农产品经营者在制定促销策略时，最好把产品与目标市场的文化传统联系起来。

2. 风俗习惯

风俗习惯是人们在特定的社会物质生产条件下长期形成的风俗、礼节、习俗、惯例和行为规范的总和。它主要表现在饮食、服饰、居住、婚丧、信仰、节日、人际关系、心理特征、伦理道

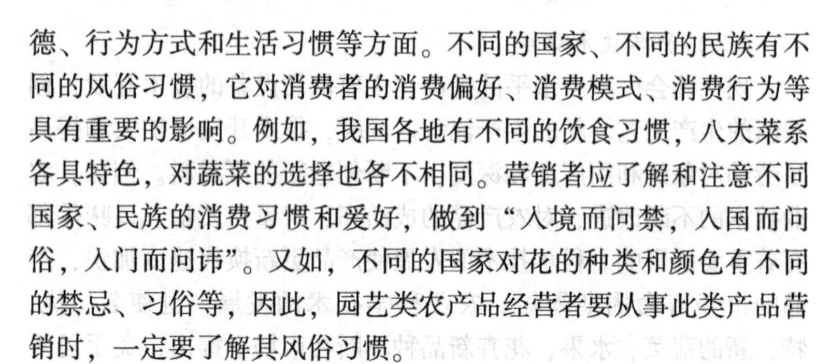

德、行为方式和生活习惯等方面。不同的国家、不同的民族有不同的风俗习惯，它对消费者的消费偏好、消费模式、消费行为等具有重要的影响。例如，我国各地有不同的饮食习惯，八大菜系各具特色，对蔬菜的选择也各不相同。营销者应了解和注意不同国家、民族的消费习惯和爱好，做到“入境而问禁，入国而问俗，入门而问讳”。又如，不同的国家对花的种类和颜色有不同的禁忌、习俗等，因此，园艺类农产品经营者要从事此类产品营销时，一定要了解其风俗习惯。

3. 教育水平

受教育程度的差异会导致消费观念和消费结构明显的不同，如花卉、高档水果与蔬菜在受教育水平高的群体中的消费量远远大于受教育水平低的群体。在受教育程度高的城市和地区开发农产品市场、制订营销方案、进行广告策划宣传等方面，要有一定的文化品位，知识含量要尽量符合营销目标人群的文化欣赏习惯和审美要求。

4. 宗教信仰

不同的宗教信仰有不同的文化倾向和戒律，从而影响人们的生活态度、价值观念、购买动机、消费倾向等，形成特有的市场需求，这与营销活动有密切关系，特别是在一些信奉宗教的国家和地区，宗教信仰对市场营销的影响力更大。农产品经营者应充分了解不同地区、不同民族、不同消费者的宗教信仰，生产适合其要求的产品，制定适合其特点的营销策略。

（五）自然环境因素

各种自然环境因素如气候、地形、生物资源、生态系统等，都会对农产品的生产、营销活动产生直接和间接的影响，有时这些影响对农产品的生产经营起着决定性作用。

农产品经营者应注意以下3种趋势。

1. 某些自然资源即将短缺

随着国民经济发展和生活水平的提高，自然资源尤其是土地资源日渐短缺。城镇建设用地的增加，使得城郊生产农产品的基地日益减少，供应量也逐渐降低，远郊农产品经营者就会有更多的发展机会。同时，农产品经营者应尽可能从可持续发展的角度出发，合理有效地利用有限的土地资源。

2. 自然环境影响农产品的品种结构和质量

由于我国地域辽阔，各种自然资源的丰缺及组合状况不同，导致生产农产品的种类因地而异，形成了各地不同的产业结构、生产结构和产品结构。同时，环境的差异，使得不同地区生产的同一种产品的质量存在较大差异，形成了独具特色的地方名、优、特农产品。农产品的生产经营者要最大限度地利用当地自然环境优势，生产独具特色的产品来赢得市场，还要不断地分析和认识自然环境的变化，根据不同的环境情况来规划、生产和销售产品。例如，冬季南菜北调进入东北地区销售的蔬菜、水果和花卉在储运中就要注意保暖，进入华南、中南地区销售就应注意散热，而且要考虑北方地区温室栽培蔬菜的数量和品种。

3. 环境污染日益严重

环境污染已成为举世瞩目的问题。目前，我国的污染主要是工业“三废”、农业污染、生活污染、放射性污染等，这些污染已对农产品生产环境造成严重影响。对此，我国政府采取了一系列措施，对环境污染问题进行控制，同时，对农产品的质量标准也提出了严格的要求。

环境污染一方面限制了某些行业的发展；另一方面也为农产品经营者提供了 3 种营销机会：一是为治理污染的技术和设备提供了一个大市场；二是为无公害或绿色农产品的销售提供了巨大空间；三是为不破坏生态环境的新生产技术和包装方法创造了营销机会。因此，农产品生产经营者要了解政府对资源使用的限制、对污染治理的措施和无公害农产品的质量标准，力争做到既能减少资源浪费、减少环境污染，又能生产出无公害的绿色产品，以此来保证农产品经营者的发展，提高经济效益。

四、农产品市场微观环境

农产品微观市场营销环境，是指直接营销环境对农产品经营者营销活动的影响，主要体现在农产品经营者的具体对外业务往来过程中。农产品经营者不仅要重视目标市场的要求，而且要了解微观市场营销环境因素对农产品经营者的影响。

（一）农产品经营者自身

农产品经营者是指生产农产品的农户、基地或公司等，也包括农业科技园区、产供销一条龙的集团公司等。农产品经营者中影响营销的主要因素有投资者（包括农户的投资）和管理层（公司、集团公司、生产基地等的管理层）。

（二）农产品供应商

农产品供应商是指向农产品经营者、生产专业户和其他竞争者提供生产与经营所需资源的单位和个人。农产品供应商提供的资源包括种子、农药、化肥、地膜、生产工具等。农产品供应商所供原材料价格的高低、质量的优劣、交货是否及时、供应是否稳定等都会影响农产品经营者和生产专业户产品的质量、成本、价格、利润和上市时间，从而影响农产品经营者的信誉和销售。

农产品供应商对于农产品营销的影响主要表现在：一是供应商所提供农资的价格与数量直接决定着农产品的价格水平、市场占有率以及利润实现程度；二是供应商的实际运行状况，如产品供应不及时或供不应求就会增大农产品的生产经营风险和营销成本。

例如，上海联华超市与供应商（有关农场）联手深入到选种、选地的程度，从而保证了米质的稳定，还与农产品经营者签

约一同开发出不含防腐剂的酱油。

（三）营销配套

营销配套组织帮助农产品经营者或农产品生产专业户对农产品进行促销、销售并分销给最终购买者。它主要包括营销中间商、货物储运公司、营销服务机构和金融机构等。

1. 中间商

营销中间商就是那些协助农产品经营者进行促销、销售以及配销等经营活动的中介组织，它主要包括购销公司、经纪人、批发商和零售商（摊商、连锁店、超市、便利店）等。中间商的主要任务是帮助农产品经营者或生产专业户寻找顾客，为农产品打开销路，并为顾客创造地点效用、时间效用及持有效用。无论农产品经营者，还是生产专业户，都需要与中间商打交道，通过中间商把自己的产品推介给消费者。由于中间商一头连接生产者，一头连接最终消费者，所以，它的服务质量、销售速度、销售效率直接影响到农产品的销售。

2. 货物储运机构

货物储运机构是帮助农产品生产者进行产品保管、贮存保鲜以及运输的专业农产品经营者，它包括仓储公司、物流公司等机构。农产品经营者或生产专业户需要选择储运公司时，主要应考虑储存成本、运输费用、安全性和交货期等因素。

3. 营销服务机构

营销服务机构包括广告公司、财务公司、营销咨询公司、电子商务网站、市场调研公司等。在营销活动中，农产品经营者和生产专业户面对众多的服务机构，要从中进行比较，选择最具有创造性、服务质量最好、服务价格最合适、最能适合本农产品经营者发展的营销服务机构。

4. 金融机构

金融机构包括银行、农村信用合作社、信托公司、保险公司等，它们可以为农产品经营者或生产专业户提供融通资金或信用担保，以促进交易，帮助农产品经营者克服临时性的资金周转困难等问题。总之，随着产品经济的发展，社会分工越来越细，农产品经营者对中介机构的依赖程度将会越来越高。因此，农产品在营销过程中，必须与这些中介机构建立良好的合作关系。

（四）顾客

消费者是农产品的购买者（包括顾客、最终消费者和农产品加工、经营者），也是农产品生产者服务的对象和目标市场。农产品经营者和专业户需要仔细地了解消费者市场，根据不同市场的特点更好地树立以消费者为中心的经营思想。农产品的消费者市场一般划分为 3 种类型，即消费者市场、加工农产品经营者市场和中间商市场。

农产品经营者的一切营销活动都要以满足消费者的需要为中心。因此，消费者是农产品经营者的最重要的环境因素。

农产品经营者要认真研究为之服务的不同消费群体，研究其类别、需求特点、购买动机等，使农产品经营者的营销活动能针对消费者的需要，符合消费者的愿望。

（五）竞争者

农产品经营者在目标市场进行营销活动时，不可避免地会遇到竞争对手的挑战。竞争对手的营销战略及营销活动的变化会直接影响到农产品经营者的营销。例如，最为明显的是竞争对手的价格、广告宣传、促销手段的变化、新产品的开发，售前售后服务的加强等，都将直接对农产品经营者造成威胁。农产品经营者必须密切注视竞争者的一切细微变化，并采取相应的对策与措施。

（六）社会公众

社会公众是指对农产品经营者、基地、专业户的生存和发展具有实际的和潜在的利害关系或影响力的一切团体和个人。公众

是农产品经营者或生产专业户寻求目标市场时的人缘基础。公众对农产品经营者营销方式的态度、农产品经营者营销行为对公众利益的影响，两者之间有着极强的内在联系。

农产品经营者所面临的公众包括金融公众、媒介公众、政府公众、社团公众、社区公众、内部公众、一般公众等。随着产品经济的高度发展，农产品交易日益复杂，产品流通频率加快，人与人之间的相互交往及社会联系更为频繁和多样化，这就出现一种作为社会现象的公众关系，而处理好与公众关系，就成为农产品经营者营销活动顺利进行所不可缺少的重要因素。

五、市场营销环境分析

环境的发展变化可能给农产品经营者带来机会，也可能造成威胁。然而，并不是所有的市场机会对农产品经营者的营销活动有同样吸引力，也不是所有的环境威胁对农产品经营者都有同样的危害程度。农产品经营者可利用 SWOT 分析法（农产品经营者内外环境对照法）、机会——威胁矩阵法来加以评价、分析。

(一) SWOT 分析法

SWOT 分析法实际上是将对农产品经营者内外部条件各方面内容进行综合和概括，进而分析组织的优劣势、面临的机会和威胁的一种方法。其中，优劣势分析主要是着眼于农产品经营者自身的实力及其与其竞争对手的比较；而机会和威胁分析将注意力放在外部环境的变化及对农产品经营者的可能影响上。

SWOT 分析主要内容有：分析环境因素、构造 SWOT 分析矩阵、制定相应策略。

SWOT 分析步骤：罗列出农产品经营者的优势和劣势，可能的机会与威胁；对优势、劣势与机会、威胁相组合，形成 SO、ST、WO、WT、策略；对 SO、ST、WO、WT、策略进行过滤和选择，确定农产品经营者目前应采取的具体战略与策略。

(二)机会——威胁矩阵法

机会——威胁矩阵法是指市场环境中对农产品经营者有利的机会和不利的威胁、利益和风险所构成的各种因素的总和。农产品经营者对环境的选择是建立在分析了机会和威胁出现的可能性大小的基础上,主要从两个方面进行分析:市场的机会水平和威胁水平。

机会分析矩阵可以有效地抓住和利用市场机会,并结合农产品经营者自身情况,变市场机会为农产品经营者机会。机会分析主要考虑潜在的吸引力和成功的可能性。

威胁分析矩阵是面对环境威胁的分析,一般着眼于两个方面:一是分析威胁的潜在严重性,即影响程度;二是分析威胁出现的可能性,即出现的概率。

【案例】

下岗工人把中国的农产品卖到美国各地

四川省雅安市雨城区姚桥镇外出美国的打工者张某,每天骑着自行车游走在美国的大街小巷寻找市场。有一天,他在美国餐馆外面看到一则求货信息:"本店急需中国朝天辣椒,量大价优。"张某灵机一动,中国到处是辣椒,何不将中国的辣椒销到美国呢?

第二天,他迫不及待地向朋友借了100美元,赶到一家中国进出口公司批发了100千克辣椒,然后再到其他餐馆联系;然而情况远远没有他想的那么乐观,很多餐馆都有固定的进货渠道,他们根本不相信陌生的张某,多数餐馆都婉言谢绝。但他没有泄气,打算改变联系和销售的方式。他找到当地华人联谊会,把在美国华盛顿做餐馆生意的中国人的名单、联系电话、地址全部搞到手,然后按顺序逐个推销。每到一处,他都先叙中国情结,并不急于谈销货之事,待关系融洽后再说卖辣椒的事。同为中国

人，异国他乡都有同舟共济之感，最后基本上接受了中国的辣椒。当天，把库存的辣椒全部销完，净赚了15美元。

张某知道不进则退的道理，他决定把辣椒生意做大、做强。2003年他瞄准了一家在华盛顿加工豆瓣系列产品的企业，这家企业规模很大，生产量在美国同类企业中居前10位。张某初到该企业联系，遭到拒绝，老板连面都不见。事后张某得知，那家老板一方面根本不相信他的经营能力；另一方面主要是对中国人有偏见。

不少人都觉得这个老板难以接触，劝张某放弃，可张某就是不甘心，非要啃下这块“硬骨头”，定要让这个老板接受中国的农产品，改变对中国的看法。机会终于来了，张某打听到老板的父亲摔跤骨折，经当地医院治疗没有痊愈，他就将老板的父亲带到中国人在美国开办的针灸治疗所，经过几周的治疗，老板的父亲终于解除了病痛的困扰。从此，老板改变了对中国人的看法，便和张某签订了每年供货5 000千克辣椒的合同，认定了张某这个合作伙伴。到2004年，张某成了这个老板的最大供货商。不仅如此，这位老板还给他介绍很多客户，使张某的辣椒销量猛增，成了当地有名的“中国辣椒大王”，并在美国设立辣椒销售公司，担任总经理一职，专销中国的农产品，在华人圈里名气大增，成为一个下岗工人在美国创业的成功典范。

第三章　农产品市场细分与定位

第一节　农产品市场细分

一、农产品市场细分的含义

农产品市场细分就是根据农产品总体市场中不同购买者在需求特点、购买行为和购买习惯等方面的差异性，把农产品总体市场划分为若干个不同类型的购买者群体的过程。每个用户或消费者群就是一个细分市场，或称子市场。每一个细分市场都是由具有类似需求倾向的消费者构成的群体，分属于不同细分市场的消费者对同一农产品的需求与欲望存在明显的差异。

随着农产品的极大丰富及消费行为的多样化，消费者对农产品的需求、欲望、购买行为以及对农产品营销者的营销策略的反应等，表现出很大的差异性，这种差异性使农产品市场细分成为可能。广大农户为了求得生存和发展，在竞争激烈的市场上站稳脚跟，就必须通过市场调研，根据消费者的需要与欲望、购买行为、购买习惯等方面的差异性，通过市场细分，发现市场机会。

二、农产品市场细分的步骤

1. 分析产品，确定营销目标

经营者要了解自己农产品的优势、劣势、产品特色及功能，这是细分的基础。

2. 分析顾客的各种需求

从现在需要、潜在需求出发，尽可能详细列出消费者的各种需求。

3. 划分顾客的类型

按需求不同，划分出各类消费者类型，分析他们需求的具体内容，然后按一定标准进行细分。

4. 选定目标市场

将产品特点、经营者经营能力同各细分市场特征进行比较，选出最能发挥经营者和产品优势的细分市场作为目标市场。

5. 分析细分市场

进一步认识各细分市场特点，测量各分市场大小，考虑各分市场有无必要再做细分，或重新合并。

6. 选定目标市场

制定营销策略。

三、农产品市场细分的方法

农产品难卖是普遍现象，这在很大程度上是因许多农户、农产品加工企业并没有真正对市场细分所致。有的自认为“细分”了，实际上却分得很粗，如把蛋类分为鸡蛋、鸭蛋等大类别，把鸡肉加工分为烤鸡、炸鸡等不同加工方法的大类别等，结果导致生产经营趋同化，竞争更加激烈。而同样是细分，一只鸡能被内蒙古草原兴发集团开发出 140 余种深加工产品，仅鸡胸肉就有 8 个产品之多。

农产品市场细分的依据是消费者需求的多样性、差异性。消费者对农产品的需求与偏好主要受地理因素、人口因素、心理因素、购买行为因素等方面的影响。因此，这些因素都可以作为农产品市场细分的依据。

1. 地理细分

地理细分是按照消费者所处的地理位置、自然环境来细分市场，如根据国家、地区、城市规模、气候、人口密度、地形地貌等方面的差异将整体市场分为不同子市场。地理因素之所以作为市场细分的依据，是因为处在不同地理环境下的消费者对同一类产品往往有不同的需求与偏好，他们对企业采取的营销策略与措施会有不同的反应。例如，在我国南方沿海一些省份，某些海产品被视为上等佳肴，而内地省份的许多消费者则觉得味道平常。又如，考虑到我国市场营销环境的差异性很大，华龙集团制定了区域产品策略，最大限度地分割当地市场，因地制宜，各个击破。其产品在河南省有“六丁目”，东北地区有“东三福”，山东省有“金华龙”等。

地理变量易于识别，是细分市场应考虑的重要因素，但处于同一地理位置的消费者需求仍会有很大差异。在我国一些大城市，如北京、上海等城市，流动人口数量庞大，这些流动人口本身就构成一个很大的市场，很显然，这一市场有许多不同于常住人口市场的需求特点。所以，简单地以某一地理特征区分市场，不一定能真实地反映消费者的需求共性与差异，企业在选择目标市场时，还需结合其他细分变量综合考虑。

2. 人口细分

人口细分是指以人口统计变量，如年龄、性别、家庭规模、家庭生命周期、收入、职业、教育程度、宗教、种族、国籍等为基础细分市场。消费者需求、偏好与人口统计变量有着很密切的关系。如只有收入水平很高的消费者才可能成为高档服装、名贵化妆品、高级珠宝等的经常买主。人口统计变量比较容易衡量，有关数据相对容易获取，因此企业经常把它作为细分市场的依据。如华龙集团根据收入因素推出不同档次的产品，曾主推的大众面有“108”“甲一麦”“华龙小仔”，中档面有“小康家庭”

“大众三代”，高档面有“红红红”“煮着吃”。同时，华龙集团根据年龄因素还推出适合少年儿童的“A 小孩”干脆面系列和适合中老年人的“煮着吃”系列。

除了上述方面，经常用于市场细分的人口变数还有家庭规模、国籍、种族、宗教等。实际上，大多数公司通常是采用两个或两个以上人口统计变量来细分市场的。

3. 心理细分

按照地理标准和人口标准划分的处于同一群体中消费者对同类产品的需求仍会显示出差异性，这可能是消费者心理因素在发挥作用。心理因素包括个性、购买动机、价值观念、生活格调、追求的利益等变量。消费者在购买农产品时，有不同的购买动机，如求实动机、求廉动机、求名动机、求美动机、显贵动机、好奇动机等。有些老年人买菜专挑便宜的买，是出于求廉动机；有些年轻人买菜专买自己没有吃过的特菜，是出于好奇动机。

4. 行为细分

行为细分是根据购买者对产品的了解程度、态度、使用情况及反应等将他们划分成不同的群体。行为变数能更直接地反映消费者的需求差异，因而成为市场细分的最佳起点。如根据顾客是否使用和使用程度细分市场，通常可分为经常购买者、首次购买者、潜在购买者和非购买者。根据消费者使用某一产品的数量大小细分市场，通常可分为重度使用者、中度使用者和轻度使用者。消费者购买某种产品总是为了解决某类问题，满足某种需要。然而，产品提供的利益往往并不是单一的，而是多方面的。消费者对这些利益的追求往往会有所侧重，如生产果珍之类清凉解暑饮料的企业，可以根据消费者在一年四季对果珍饮料口味的不同要求，将果珍市场消费者划分为不同的子市场。根据人们的偏好不同，把猪肉分割为瘦肉、排骨、肥肉和猪皮；把鸭的舌头、翅膀、脚板、鸭肠、鸭肝等分割开来，加工成特色产品；鱼也可按需分割为鱼头、鱼身、鱼尾、鱼子、鱼肚等产品上市。

以上是根据单因素细分，还可以根据多因素细分，如选定京津蔬菜市场，应考虑农产品质量是高档还是低档、价位是高价还是低价，若选择高收入家庭作为目标市场，应开发高档次和较高价位农产品。

根据细分变数划分出的农产品细分市场是否具有开发价值，还需看农产品细分市场是否具有足够的购买力、农产品市场规模是否可以营利、农业厂商是否有能力进入所要选定的农产品市场。

通过对农产品市场细分，识别、区分顾客对农产品的不同需求，便于农民或农产品产销企业选择适合自己的目标市场，制订相应的市场营销策略。

(1) 按农产品销售的地域范围可分为国内市场、国际市场，国内市场又可分为城市市场和农村市场，或华东市场、华北市场、华南市场、华西市场，还可分为上海市场、北京市场、合肥市场、广州市场，或分为北方市场、南方市场等。国际市场又可分为欧洲市场、亚洲市场，进一步还可分为英国市场、日本市场等。

(2) 按农产品销售对象可分为农产品批发市场、农产品零售市场、农产品消费市场。

(3) 按顾客收入水平可分为高收入市场、中等收入市场、低收入市场。

(4) 按顾客年龄可分为少儿市场、青年市场、中年市场、老年市场等。

(5) 按顾客购买时机可分为节日购买、闲暇购买、一般购买等。

(6) 按顾客追求的利益可分为经济性、方便性、保健性、审美性等。

(7) 按顾客偏好强度可分为非偏好、适中偏好、偏好强烈等。

(8) 按顾客生活方式可分为朴素型、浪漫型、追求社会地位型、传统型、新潮型、奢侈型等。

不同市场有不同的需求特点、不同的市场活动规律。农民或农产品产销企业准备开发哪类市场，要在进入该市场之前，对该市场进行深入的市场调查分析和研究，以便根据该市场的具体需求情况、购买特点制订相应的市场营销策略。

四、农产品市场细分禁忌

1. 忌模仿他人

农产品生产者模仿性很强，尤其是没有市场经验的农户，对市场信息把握不准，往往看别人种什么，自己就种什么，这样一来，大家共同经营同一种产品，都把同一个细分市场作为自己的目标市场，从而极有可能造成某一种农产品的供给短期内或者在某一特定区域内远远大于市场需求，出现“谷贱伤农”的现象。

2. 忌盲目进入市场

农产品生产经营者往往在有了感性认识后，便迫不及待地进入目标市场，其结果往往是由于技术、管理经验、市场信息、消费者信息等因素制约，功亏一篑。

3. 忌随便转换细分市场

一些农产品生产经营者抵挡不住其他产品市场一时走俏的诱惑，往往在准备不足的情况下放弃自己已有的优势而轻易盲从他人，结果不是种植技术原因造成产量和质量不尽如人意，丧失竞争力，就是由于不熟悉市场导致产品无人问津。有个农民，先后种过梨、苹果、西瓜、棉花及蔬菜等多种农作物，却一直没能致富，是技术水平有限吗？或是运气不好吗？都不是，究其根本，一个人的精力和能力有限，他不可能入一行懂一行。失去了优势就失去了竞争力，市场细分的根本目的就是在寻求差异的前提下，保持竞争优势。

4. 忌盲目听信传媒之言

我们所处的是一个信息时代，信息给我们所带来的不仅仅是便利、机会和财富，如果不去分析所掌握的信息，它带来的极有可能是陷阱和失败。

5. 忌“一根筋”到底

“喜新厌旧”是消费者的一种普遍心理，随着市场发展，消费者的爱好时刻在变，所以，不能用固定不变的观念去看待变化的市场。农产品生产经营者应从自己的产品销量、市场占有率等指标中分析自己的产品属于生命周期哪一阶段。只有真正掌握自己产品的生命周期，才能有针对性地选择市场策略。

五、农产品市场细分的意义

市场细分就是在寻找差异化。任何一种农产品都不可能满足所有消费者的需求。研究和分析消费者需求和欲望的差异性，并据此把一个农产品市场细分为几个甚至多个更加专业的市场，结合自身条件和优势，有针对性地选择一个或者多个适合自己的目标市场进行生产经营活动，这就是市场细分。

1. 有利于发现市场营销机会

市场机会是已经出现在市场但尚未加以满足的需求。运用市场细分手段，农户不仅可以找到对自己有利的目标市场，推出相应的产品，并根据目标市场的变化情况，不断改进老产品，开发新产品，开拓新市场。北方一些农民把鸡蛋的蛋黄和蛋清分开卖，拆零拆出了大市场。爱吃蛋黄的消费者买蛋黄，爱吃蛋清的消费者买蛋清，各有所爱，各得其便。消费者得到了实惠，卖方也赚到了以前赚不到的钱。

2. 能有效地制订最优营销策略

市场细分是市场营销组合策略运用的前提，即农产品生产经营者要想实施市场营销组合策略，首先必须对市场进行细分，确定目标市场。因为任何一个优化的市场营销组合策略的制订，都是针对所要进入的目标市场。离开目标市场，制订市场营销策略就是无的放矢，这样的市场营销方案是不可行的，更谈不上优化。如近几年我国苹果生产连年获得丰收，市场相对饱和，市场销售不畅，价格下跌，果农一筹莫展。然而在这种情况下，美国华盛顿州的苹果却在北京、上海、广州等城市登陆，在强劲的宣传攻势下，占领了中国的苹果市场。分析其成功的原因，除了对营销环境的充分了解、优化的市场营销组合战略、成熟的营销战略操作机构外，正确的市场细分和目标市场选择起到了非常重要的作用。

3. 有利于农户扬长避短，发挥优势

每一个农户的经营能力对整体市场来说，都是极为有限的。所以，农户必须将整体市场细分，确定自己的目标市场，把自己的优势集中到目标市场上。否则，农户就会丧失优势，从而在激烈的市场竞争中遭遇失败。

4. 有利于开发新产品，满足消费者多样化的需求

当众多的生产者奉行市场细分战略，那些尚未满足的消费需要就会逐一成为不同生产者的一个又一个的市场机会，新产品层出不穷，市场上产品的种类、花色、品种增多，人们的生活质量也相应地得到提高。

【案例】

市场细分化的美国有机农业

位于纽约州波基普西市的斯普劳特克里克农场3月仍是一片冰天雪地，但这丝毫挡不住游人的热情。游客在农场里边看边

问，详细了解自己所吃的食物到底是怎么生产出来的。

埃里克带着妻子和两个孩子正在参观农场的羊舍，他告诉记者，他家平时买的食品基本都是有机的，他愿意花更多的钱购买有机产品。埃里克一边说一边展示了他给孩子喝的酸奶的有机标志。

家在当地的香农5岁起就开始参观这家农场，现在她已在这家农场工作两年了。香农介绍说，她们的农场不打农药，但会施肥。在当地，有机产品占农产品的比重约在15%，而散养的畜禽约占5%。

斯普劳特克里克农场生产的农产品并没有获得专业的有机产品认证，不过由于其生产标准比一般的要高，因此，所产的农产品销售价格明显要高于同类产品。该农场自己生产的奶酪每磅20美元，每年奶酪产量大概在4万磅（1.8万千克）。

“消费者需要什么，我们就生产什么。将来有机农业发展到什么程度，也要看消费者的需求。”拥有奶业生产本科学位的香农说。

的确如此，有机产品的天然和绿色固然让人喜爱，但它的发展也离不开消费者的认知和价格接受能力。绝大多数人目前还不会去买有机产品，因为价格太高，但她们经常会去一些农贸市场购买农产品。

位于纽约州波坎蒂科山区的石仓中心是一家兼具农业生产、销售、餐饮、教育及培训等于一体的非营利性机构，非常强调农产品生产者和消费者的良性互动及从田间到餐桌的无缝对接。石仓中心教育部门每年培训人数达10万人次。

美国的农业是一个两极分化的体系，中型农场几乎已经不存在。少量非常大的农场生产的农产品在全国甚至全世界销售，这些农场能够应用大规模机械化生产，不太可能回到传统耕作方式。与此同时，小型农场也有巨大的增长潜力，它们为当地生产

农作物，要么进行有机生产，要么进行非大规模机械化生产。小农场最大的优势是来自社区支持。如果当地市民需要他们的产品，他们会愿意多花点钱购买有机产品。

第二节　目标市场选择

一、目标市场的评估

目标市场是经营者在市场细分的基础上，根据市场潜量、竞争对手状况、经营者自身特点所选定和进入的市场。

经营者一切营销活动都是围绕目标市场进行的。选择和确定目标市场，明确经营者具体服务对象，是经营者制定营销策略的首要内容和基本出发点。

（一）目标市场的评估方法

进行市场细分以后，并不是每一个细分市场都值得进入的，经营者必须对其进行评估（图 3-1）。经营者选择目标市场，应注意考虑以下问题。

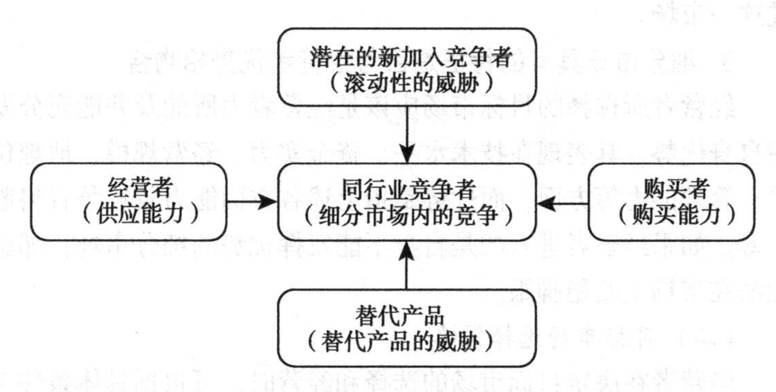

图 3-1　细分市场的潜量和竞争结构分析

1. 细分市场的潜量

细分市场潜量是在一定时期内，在消费者愿意支付的价格水平下，经过相应的市场营销努力，产品在该细分市场可能达到的销售规模。

对细分市场潜量分析的评估十分重要。如果市场狭小，没有发掘潜力，经营者进入后没有发展前途。当然，这一潜量不仅指现实的消费需求，也包括潜在需求。从长远利益看，消费者的潜在需求对经营者更具吸引力。细分市场只有存在着尚未满足的需求，才需要经营者提供产品，经营者也才能有利可图。

2. 细分市场的竞争状况

经营者要进入某个细分市场，必须考虑能否通过产品开发等营销组合，在市场上站稳脚跟或居于优势地位。所以，经营者应尽量选择那些竞争者较少，竞争者实力较弱的细分市场为自己的目标市场。那些竞争十分激烈、竞争对手实力十分雄厚的市场，经营者一旦进入后就要付出昂贵的代价。当然，对于竞争者已经完全控制的市场，如果经营者有条件超过竞争对手，也可设法挤进这一市场。

3. 细分市场具有的特征是否与经营者优势相吻合

经营者所选择的目标市场应该是经营者力所能及并能充分发挥自身优势。其表现在技术水平、资金实力、经营规模、地理位置、管理能力等方面，而优势是指上述各方面能力较竞争者略胜一筹。如果经营者进入的是自身不能发挥优势的细分市场，那就无法在市场上站稳脚跟。

（二）目标市场选择策略

经营者在决定目标市场的选择和经营时，可根据具体条件考虑 3 种不同策略（图 3-2）。

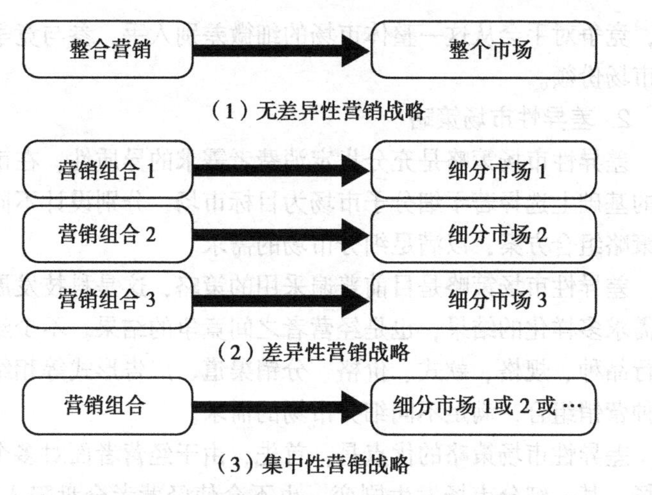

图 3–2 3 种可选择的目标市场营销战略

1. 无差异市场策略

无差异市场营销策略，是把整个市场作为一个目标市场，着眼于消费需求的共同性，推出单一产品和单一营销手段加以满足。

无差异营销策略的优点是可以降低成本。首先，由于产品单一，经营者可实行机械化、自动化、标准化大量生产，从而降低产品成本，提高产品质量；其次，无差异的广告宣传，单一的销售程序，降低了销售费用；最后，节省了市场细分所需的调研费用、多种产品开发设计费用，使经营者能以物美价廉的产品满足消费者需要。

无差异营销策略也有其不足，无法满足不同消费者的需求和爱好。首先，用一种产品、一种市场营销策略去吸引和满足所有顾客几乎是不可能的，即使一时被承认，也不会被长期接受。其次，容易受到竞争对手的冲击。当经营者采取无差异营销策略时，竞争对手会从这一整体市场的细微差别入手，参与竞争，争夺市场份额。

2. 差异性市场策略

差异性市场策略是充分肯定消费者需求的异质性，在市场细分的基础上选择若干细分子市场为目标市场，分别设计不同的营销策略组合方案，以满足细分市场的需求。

差异性市场策略是目前普遍采用的策略，这是科技发展和消费需求多样化的结果，也是经营者之间竞争的结果。不少经营者实行品种、规格、款式、价格、分销渠道、广告形式等相结合的多种营销组合，满足不同细分市场的需求。

差异性市场策略的优点是：首先，由于经营者面对多个细分市场，某一细分市场发生剧变，也不会使经营者全盘陷入困境，大大减少了经营风险；其次，由于能较好地满足不同消费者的需求，争取更多的顾客，从而扩大销售量，获得更大的利润；最后，经营者可以通过多种营销组合来增强经营者的竞争力，有时还会因在某个细分市场上取得优势、树立品牌形象而带动其他子市场的发展，造成连带优势。

差异性市场策略的不足之处在于，由于目标市场多，产品经营品种多，因而渠道开拓、促销费用、生产研制等成本高。同时，经营管理难度较大，要求经营者有较强实力和较高素质。

3. 密集性市场策略

密集性市场策略是经营者集中设计生产一种或一类产品，采用一种营销组合，为一个细分市场服务。

密集性市场策略与无差异性市场策略的区别是，后者追求整个市场为目标市场，前者则以整个市场中某个小市场为目标市场。这一策略不是在一个大市场中占有小份额，而追求在一个小市场上占有大份额。其立足点是，与其在总体上占劣势，不如在

小市场上占优势。

密集性市场策略优点很明显：由于市场集中，便于经营者深入挖掘消费者的需求，能及时得到反馈意见，使经营者能制定正确的营销策略；生产专业化程度高，经营者可有针对性地采取营销组合，节约成本和费用；目标市场较小，可以使经营者的特点和市场特征尽可能达成一致，从而有利于充分发挥经营者自身优势；在细分市场上占据一定优势后，可以积聚力量，与竞争者抗衡；能有效树立品牌形象，如全聚德烤鸭、张仲景香菇酱等品牌几乎家喻户晓。

当然，密集性策略也有缺点，由于市场较小，空间有限，经营者发展受到一定限制。同时，如果有强大对手进入，风险很大，很可能陷入困境，缺少回旋余地。

上述 3 种营销策略内容，可用下表来归纳。

表　目标市场选择策略

	追求利益	营销稳定性	营销成本	营销机会	竞争强度	管理难度
无差异策略	经济性	一般	低	易失去	强	低
差异性策略	销售额	好	高	易发展	弱	高
密集性策略	形象和小市场占有率	差	低	易失去	强	低

二、市场覆盖模式

经营者在选择目标市场时，有以下 5 种模式可供参考（图 3-3）。

1. 产品市场集中化

该模式只生产一种产品，供应某一顾客群，以取得某一特征市场的优势。如某合作社生产芹菜，只选择一个细分市场，即专门生产供应给农贸市场的芹菜。这一策略通常被小经营者所

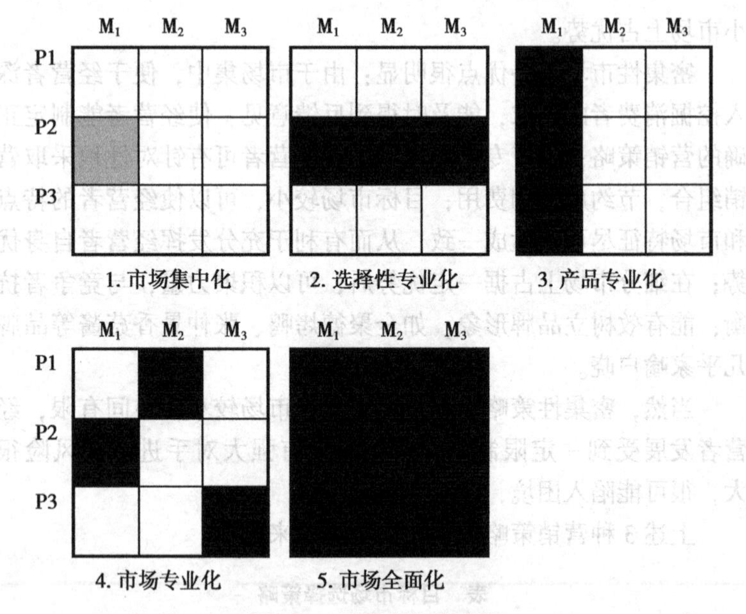

图 3-3　目标市场的选择

采用。

2. 产品专业化

产品专业化即以一类产品供应给不同的顾客群。如合作社只生产芹菜，选择多个细分市场，即不仅供应农贸市场，还供应超市、连锁店等。这一策略容易树立某一领域的声誉，但是，如果该产品被市场淘汰，经营者就会发生滑坡的危险。

3. 市场专门化

市场专门化是经营者专门为满足某个顾客群体提供各种产品。如合作社生产多种蔬菜，专门供应超市，包括芹菜、白菜、菠菜等。经营者专门为某个顾客群提供系列产品，容易和这类顾客保持良好的关系，获得良好的声誉。

4. 有选择的专门化

经营者选择若干细分市场，如农贸市场、超市、连锁店等，但是，每个市场供应不同的农产品。结果是，在每一个市场在客观上都有吸引力，但每个细分市场之间很少有联系。

5. 完全市场覆盖化

完全市场覆盖化即经营者用各种产品满足各种顾客群体需要。具体策略可以通过无差异市场策略或差异性市场策略来实施，一般只有大经营者才能采用这样的策略。

三、影响目标市场选择的因素

无差异市场策略、差异性市场策略和密集性市场策略各有利弊，各自适合不同的情况，一般说来，在选择目标市场策略时要考虑以下因素。

1. 经营者资源

如果经营者资源丰富，实力雄厚（主要包括生产经营规模、技术力量、资金状况等），具有大规模的单一流水线，拥有广泛的分销渠道，产品标准化程度高，内在质量好，品牌商誉高，可以采用无差异市场策略。

如果经营者具有相当的规模、技术设计能力强、管理素质较高，可实施差异性市场策略。

反之，如果经营者资源有限，实力较弱，难以开拓整个市场，则最好实行密集性营销策略。

2. 产品特点

产品具有同质性，即消费者购买和使用时对此类产品特征感觉相似，其需求弹性较小，如食盐、石油等可采取无差异市场策略。产品具有异质性，消费者对这类产品特征感觉有较大差异，如服装、家具、化妆品等，其需求弹性较大，可采取差异性或密集性策略。

3. 市场特征

如果消费者的需求和爱好相似，购买行为对市场营销刺激的反应基本一致，经营者可以采取无差异策略。

消费者需求偏好、态度、购买行为差异很大，宜采取差异性策略或密集性策略。

4. 产品生命周期

处于产品生命周期不同阶段的产品，要采取相应的目标市场策略。处在“导入期”“成长期”宜采取无差异市场策略。

在“成熟期”“衰退期”宜采取差异性策略和密集性策略。

5. 竞争对手策略

经营者采取任何目标市场策略，通常还要分析竞争对手的策略，知己知彼，百战不殆。如果竞争对手采取无差异市场策略，经营者应考虑差异性市场策略，提高竞争能力。如果竞争对手采取差异性策略，则经营者应进一步细分市场，实行更有效的密集性策略，使自己产品与竞争对手有所不同。

第三节　目标市场定位

一、市场定位含义

市场定位，实际上是在已有市场细分和目标市场选择的基础上深一层次的细分和选择，即从产品特征出发对目标市场进行进一步细分，进而在按消费者需求确定的目标市场内再选择经营者的目标市场。

在市场定位过程中，不论是采取两维定位法还是多维定位法，核心是选择好变量。当一种定位不能准确科学定位时，可通过重新选择变量来找到市场的空白和发现可能出现的商机。

市场定位操作过程中，变量和状态选对了，就可以产生新的

思路、新的方法、新的策略；选择错了，就会造成分析上的失误和错误的实践。

二、市场定位程序

市场定位虽然有多种方式，但其基本程序一般为以下 4 个操作过程。

（1）构建目标市场结构。农产品都有许多属性或特征，如价格的高低、质量的优劣、规格的大小，功能的多少等。利用两个以上的属性变量就可以建立起一个市场结构图。

（2）标出竞争对手优势。将各竞争对手在目标市场上实际实力，标明到市场结构图上，并注明各自销售额的大小。

（3）初步定位。一般情况下，有三种定位方案可供选择。即避让定位、插入定位、取代定位。

市场定位对一个经营者来说是十分重要的。它是“纲”，定位准确才能“纲举目张”，才能有效地组合各类营销手段；它是“杠杆”，能以较小的“投入”举起更大的“产出”。

（4）正式定位。在初步定位后，经营者还应做一些调查和试销工作，及时找到偏差并立即纠正。即使初步定位正确，也应视情况变化随时对产品定位进行修正和再定位。

三、初步定位策略

1. 避让定位

避让定位也称为错位定位，即把自己产品确定在当前目标市场的空白地带。这一定位可以避开竞争，获得进入市场的先机，先入为主地建立对自己有利的市场地位。

但在决定采取避让定位时，必须搞清楚以下问题：一是这一市场空缺为什么存在？是竞争对手没有发觉、无暇顾及还是因为根本没有市场开发前景？如果该市场确有市场需求，那么要考虑潜量是否足够大，如果收益无法弥补成本或弥补成本开支后只有微利，经营者一般不会采取这一策略。二是经营者是否有足够的技术力量去开发产品，是否有一定的质量保证体系和售后服务体系，否则，只能造成资源的浪费。

2. 插入定位

插入定位即经营者将自己的产品定位于竞争者市场产品的附近，或者插入竞争者已占据的市场位置，与竞争对手争夺同一目标市场。

采取这一策略的好处是，经营者无须开发新产品，仿制现有产品即可。这是因为现有产品已经畅销于市场，经营者不必承担产品销售不畅的风险，而且能免去大量的研究开发费用。

实施插入定位必须有3个前提条件。首先，在经营者意欲进入的目标市场还有未被满足的需求，即该市场除现有的供给外还有吸纳更多商品的能力。其次，经营者推出品牌产品时，应有特色。这是因为消费者对现有产品已有一定的了解，新产品没有特色难为消费者所接受。再次，没有法律上侵权问题。

3. 取代定位

取代定位是将竞争对手赶出原来的位置，或者兼并竞争对手而取而代之。

采取取代定位策略应具备以下条件：一是经营者推出的产品在质量、功能或者其他方面有明显优于现有产品的特点。二是经营者能借助自己强有力的营销能力使目标市场认同这些优势。

4. 差异性定位策略

经营者要使产品获得稳定的销路，就应该使其与众不同、创出特色，从而获得一种竞争优势。差异性包括产品实体差异化、服务差异化和形象差异化。

在实施差异性定位过程中，应按如下差异性定位策略。

第一，应从顾客价值提升角度来定位。

产品差异化的基础是消费需求的差异化，消费需求是产品差异化的前提，每一个差异化定位首先要考虑消费者是否认可。

第二，应从同类经营者特点的差异性来定位。

同行经营者中每个经营者都有它的特殊性，当一个经营者特点是其他经营者所不具备的，这一差异性即可成为定位的依据，如“好想你”红枣能独占鳌头的关键是有一个全国性的销售网络。

第三，要认识到差异化应该是可以沟通的，是顾客能够感受到的，是有能力购买的。否则，任何差异性都是没有意义的。

实际上要注意差异性不能太多。当某一产品强调特色过多，反而失去特色，也不易引起顾客认同。

5. 重新定位策略

“水因地而制流，兵因敌而制胜。敌兵无常势，水无常形。能因敌变化而取胜者，谓之神”。经营者市场定位也因市场变化而重新定位。

重新定位一般有 3 种情况。

一是因产品进行了改良或产品发现了新用途，为改变顾客心目中原有的产品形象而采取的再次定位。

二是因市场需求变化而重新定位。由于时代及社会条件的变化以及顾客需求的变化，产品定位也需要重新考虑。

三是因扩展市场而重新定位。市场定位常因竞争双方状态变化、市场扩展等而变化。美国约翰逊公司生产的一种洗发剂，由于不含碱性，不会刺激皮肤和眼睛，市场定位于“婴幼儿的洗发剂”。后来，随着美国人口出生率的降低，婴幼儿市场日趋缩小，该公司改变定位，强调这种洗发剂能使头发柔软，富有色泽，没有刺激性。

6. 比附定位策略

比附定位是处于市场第二位、第三位产品使用的一种定位方法。当市场竞争对手已稳坐领先者交椅时，与其撞得头破血流，不如把自己产品比附于领先者，以守为攻。美国埃维斯汽车公司的广告是“在租车业中，我们不过第二位，那为什么还要租用我们的车？我们更卖力。”埃维斯在连续13年亏损之后，一旦确定这个定位，第一年即赚了120万美元，第二年赚260万美元，第三年赚500万美元。

7. 细分定位策略

即在市场细分化基础上，针对某一市场予以定位策略。上海市方便面市场竞争激烈，“统一”方便面认真分析市场后认为，中高档市场已被“康师傅”占领，低档次的已有“营多”等分布，而恰在中低档处有一个缝隙，即1元左右的方便面较适合大中学生的消费水平，于是把自己产品定位于这一细分市场。同理，不少零售经营者也按照市场需求、竞争对手状况和自身特征予以定位。有的定位于“白领”，有的则定位于“工薪”。上海太平洋百货则把“淑女”作为自己的目标市场，围绕这一定位组合各类营销手段，获得成功。

【案例】

德青源品牌鸡蛋的市场定位

北京德青源农业科技股份有限公司的创始人是钟凯民，他是个很敏锐的人，在创立德青源之初就显示出他的敏锐和远见。他将自己的目标消费群体定位于对于健康特别关注的人身上。

中国是一个消费跨度很大的国家，要从中找出“愿意多花一两块钱去买一个好产品”的人，德青源首先想到的就是那些最高端的人群，例如，政府官员、企业家、高级知识分子等。

后来，钟凯民意识到，不只这些最高端的人群有这样的需要。他将自己的目标顾客描述为具备两个特征：一是有健康意识，关注食品安全；二是有一定的收入。“鸡蛋是快速消费品，

就算一个比别的贵一块钱，一天吃1个，1个月也就30块钱，对于1个3口人家庭增加几十块钱的消费也不是大问题。”

德青源最初先在中国农业科学院养了500只鸡，用了7个月的时间，利用科学方式养的鸡下了第一批鸡蛋。钟凯民高兴地发现，这些蛋蛋壳很硬，蛋黄是橙黄色，打开后，不像其他鸡蛋那么容易打散，很有韧性，煮熟后鸡蛋味道很香。这些鸡蛋在农业科学院里卖5毛钱一个，那时候普通鸡蛋大约2毛钱一个，几百个鸡蛋很快就一售而空。很多人吃了以后觉得很好，马上打电话来订，这给了钟凯民进一步扩大生产规模的信心。

现在德青源的鸡蛋在品牌鸡蛋里也是最贵的，比普通鸡蛋高出1~2倍的价格，但是普及率已经很高。钟凯民说：“每天北京有200万人来吃这个鸡蛋，不是个小数目。”

这部分高端消费群体也在问德青源，能否提供更多的产品，例如，有机蔬菜。钟凯民的回答是：“鸡蛋一个产业已经很大了。我们能够做的事情很多很多，尽量先把一件事情做好。”

德青源的市场定位，解决了大家对食品安全的需求。满足了消费者的需求才能获得消费者的认可，经营者的利益和价值也就得以实现。

第四章　农产品营销计划

第一节　农产品包装策略

一、包装的概念、作用和分类

(一) 包装的概念

在商品包装的概念上，有两层含义：一层是动态的含义，指设计并生产容器或包扎物将产品盛放或包裹起来的一系列操作过程，又可称为包装化或包装工作；另一层是静态的含义，那些用来盛放或包裹产品的容器和包扎物称为包装，如箱、桶、罐和瓶等。虽然如此，但是在现实生活当中，包装往往具有以上两层含义，它们是紧密联系在一起的，两者之间不可分离，所以，也可以将它们统称为包装。

(二) 包装的作用

因为包装是为保护产品数量与质量的完整性所必需的一道工序，所以在进入市场之前，许多实体产品都需要进行包装。绝大多数商品在运输、存储和销售的过程当中，包装都是必不可少的前提条件，同时，包装也是现代产品整体形式的有机组成部分，没有包装的商品往往容易让消费者不太信任。包装的作用，主要表现在以下两个方面。

1. 保护商品

包装最主要的目的和最基本的功能，就是保护商品。在流通

和使用过程中，商品通过包装可以起到防止破损、散失、变质、挥发、污染、虫蛀和鼠咬等各种损坏的作用。同时，包装还可以对商品的清洁卫生和安全进行保证，并保持产品的良好本色，从而使产品的使用价值得以维持。一般情况下，除了受外界影响小不用包装的沙、石、原木等以外，其他绝大多数商品都需要进行包装，来保护其价值或不受损害。

2. 便于运输、携带和储存

从生产到消费的过程中，产品要经过装卸、运输和储存等程序。对于小件产品来说，包装起着集中的作用。大产品的鲜明标记，已经在包装纸上有所表示，所以，简化了产品的交接手续，可以提高工作效率。包装上有各种引人注意的标记，如易碎标记，可提示运输该商品的人员采取有效运输策略，使商品得到更好保护。经过包装后的商品还可以使装卸过程更加简便，并可以节约运输费用。运输包装的目的，主要是为了保护产品和提高运输效率，所以，又可以称为工业包装、外包装。销售包装的主要目的是，促进产品的销售，所以，又称为商业包装、内包装。产品越接近消费者，在流通过程中，就越要求包装具有促进销售的效用，所以，商品的包装要求外形美观，并有必要的装潢、文字说明及画面等，只有这样才会吸引消费者。对外形美观没有过多的要求的是一些工业用产品，它们更注重包装对产品的保护和方便运输等方面。

【案例】

苹果巧包装荣升“平安果”

每年的平安夜，大街小巷到处弥漫着圣诞的气息，水果商贩打起了苹果的主意，他们用花花绿绿的包装纸，给苹果穿上漂亮的“花外衣”，把自己摊位的苹果“装扮”一新，一个个苹果被五颜六色的玻璃纸扎起来，每个包装上还系着圣诞铃、圣诞老人像。经过包装的苹果，果然靓丽许多，摆放得如花儿一样，煞是好看，吸引了许多年轻人的目光。包装后的普通苹果，“摇身”变成了抢手的“平安果”，一下从每千克6元变成了5元一个，大街小巷炙手可热、处处飘香。

虽然价格昂贵，但是这诱人的“平安果”丝毫没能阻挡人们购买的欲望。节日温馨，商机无限。虽然这小小的“平安果”美丽又昂贵，但是在温馨浪漫的节日里，谁还会去计较和细究它的实际价值呢？

(三) 包装的分类

(1) 根据产品包装的结构，可将产品包装分为件装、内装和外装。件装又称为个装，也就是为每个产品单独所做的包装；件装和外装之间的包装就是内装，主要作用就是保护商品不受破坏，防止水分、湿气、日光等的侵入，同时，防止同一外装内产品因相互摩擦和碰撞而可能引起的破坏；外装是包装产品的外部包装，如袋装、箱装、桶装。但是，这种划分并不绝对，有时件装和内装可以混合使用。

我们大致可以将农产品的包装分为内包装和外包装两种，在对农产品进行外包装设计的时候，不仅可以选择农产品常用的绿色，同时，还可以多采用橙黄色、金黄色和红色等鲜艳的颜色，因为这些颜色象征阳光、档次和生命的色调，尽量在包装的正面设计一个鲜明的形象，消费者在5米之外就能看到。还可以采用图片配合文字的说明方式，将产品的产地、文化、特色、来源、历史、营养成分、食用人群和食用方法等信息标注在外包装的背面进行介绍，关键在于介绍与众不同之处。而相应的生产厂家和联络方式的文字相应小一些，因为这不是消费者关注的主要信息。根据产品的质地大小，外包装的材质可以大胆采用一些如陶罐、牛皮袋、瓷器等比较特别的材质，这样能够将形象突出出来，使农产品的价值更加突出。

有必要制作一些精美的折页、手册或者小的工艺品作为内包装，对产品和产地的信息进行介绍，如人文背景、自然环境和风土人情等，这样可以加深消费者对该产品的了解、信任与好感，进而对该产品进行消费。例如，生产苹果的厂商，完全可以在包装苹果的包装纸上印有一些："苹果排毒，天天吃苹果不用看医生"等科学常识和民间谚语，每天消费者在吃苹果的时候，都会对消费者进行一次强化，这样就会促使他再次购买，最后成为该产品的忠实消费者，这样将对企业的发展十分有利。

当然对高端人群来说，在包装上要特别注明选购的理由和独特的卖点，这样结合具体产品进行深度发掘。

(2) 根据商品包装材料的类别，可将包装材质分为塑料制品包装、纸制品包装、金属包装、玻璃包装、陶瓷包装、棉纺制品包装、草编包装和木制品包装等。

(3) 根据产品的类别，可将包装分为化工产品、金属产品、电工材料、机电设备和配件的包装等，或分为一般包装、危险包装和精密产品包装等。

(4) 根据产品包装的技术方法，可将包装分为防火包装、防锈包装、防虫包装、防鼠包装、防潮包装、通风包装、压缩包装、真空包装、耐寒包装和缓冲包装等。

(5) 按照产品的销地，可分为国内包装和出口包装。

二、农产品包装策略

1. 等级包装策略

根据农产品的不同等级，也就是说产品的价值、品质等进行分级，并将其分成若干等级，并针对这些等级实行不同种类的包装，使包装与产品的价值相对应。在农产品的商场上我们可以看到不同等级的包装，如豪华包装与简易包装、优质包装与普通包装等，这些包装有利于消费者对产品的档次进行辨认，进而对产品的品质优劣作出消费决定。产品档次、品质相差比较悬殊的企业，其优点是能将产品的特点表现出来，同时，还能与产品的质量协调一致；缺点是产品的包装设计成本增加。

2. 组合包装策略

组合包装策略就是使用的时候将相互关联的多种商品纳入一个包装容器中，同时，进行出售。例如，有的蔬菜生产者会在同一个包装箱中放入不同种类的蔬菜，这样的销售方式，可以使顾客有品尝各种不同蔬菜的机会，尝试了不同蔬菜的口味，同时，也使蔬菜的总体销售量得到增加。再如，在北京有几家特菜和特禽生产企业联合起来，推出一款组合包装，在同一个包装箱中，消费者可以看到几种特菜产品和特禽产品混合摆放，这样就可以做到荤素搭配，不仅便于消费者食用，还可使产品的总体销量得到提高。与此同时，这种营销策略还有助于顾客接受新产品，能帮助企业在新产品上市的时候取得不错的销售额，并有助于促使消费者习惯并接受使用新产品。

3. 复用包装策略

在原包装的产品使用完后，其包装物还可以有其他用途，这就是复用包装策略。这样做是因为抓住了消费者希望一物多用的心理，使他们在消费这种商品的时候，还能得到额外的使用价值，让消费者感到包装的价值不再是垃圾或废弃物；与此同时，在使用过程中包装物也是一种广告宣传，对消费者进行心理暗示，并促使消费者对该商品进行重复购买。

4. 附赠品包装策略

这种包装策略就是说在对商品进行销售的时候，在商品包装物内增加一些附赠给购买者的物品或奖券，从而引起消费者重复购买的欲望。

5. 一次性包装策略

这种包装策略主要是根据消费者的使用习惯和携带便利的特

点进行设计的，使用这种包装的产品主要有袋泡茶、小袋咖啡等。

6. 透明包装策略

运用这种包装策略，就是通过透明的包装材料，使消费者能够看清部分或全部内装商品的实际形态、新鲜度和色彩，进而使顾客可以放心选购。透明包装一直是一种备受消费者喜欢的包装，在市场上经常会看见的使用这种包装的主要有销售中的蔬菜、水果和水产品等产品，它们大多都采用了简单透明的包装，来对产品进行销售。

第二节　制定农产品销售价格

一、农产品价格的形成

价格和收入在农产品营销决策中起着非常重要的作用。市场需求和经营者追求利润把低价值的农产品转移到高价值的农产品的市场中。然而，成本、价格、收入和利润是有效调节农产品的营销策略的根本因素。

（一）影响农产品价格的因素

影响农产品价格的因素主要包括：国家宏观政策、经济环境等；由消费者的收入、习惯、需求量等；经营者的生产决策以及生产规模；经营者的增值服务、采购成本、流通成本、营销成本等；天气、病虫害等一些不可预测因素；农产品的替代品多而复杂，也是影响农产品价格的重要因素。

（二）农产品价格的特点及变动规律

农产品价格与工业品价格相比，有价格变动频繁、变动幅度大和地区差异大等特点。

尽管农产品的市场价格变动频繁，但这种变动又是有规律可循的，这就是农产品价格的季节变动规律和周期变动规律。例如，蔬菜刚上市时价格较高，到了大量上市时价格就会降低。有些农产品只能在特定的地区生产，如铁棍山药，只有生长在沁河南岸的温县北部及武陟西北部的地方。其他地区种植的山药均为非铁棍山药。因此，同一农产品因不同的地区产地价格差异巨大。

1. 季节变动规律

农产品随季节变动的规律主要是由农产品季节性生产规律所决定的。例如，草莓生长在春天，桃盛产在夏天，苹果到秋天才上市。农产品生产具有季节性，而人们的消费却是常年性的，因此，使农产品的价格随季节不同而变化。一般来说，应季农产品供应量大，价格相对较低；过季农产品需要储存与加工，且供应量减小，价格相对较高。

2. 价格周期变动规律

价格周期变动规律是指市场价格发生变动引起需求量变动，而农产品生产不能立即做出反应，只有等到下一个生产周期才能调整生产，调整了之后可能又会出现新一轮的变动，如此周期性地循环。

3. 经济发展周期的变动规律

在经济高速发展时期，就业率和收入快速提高，增加了对农产品的需求，从而刺激农产品价格的上升；反之，经济发展速度降低后，就业率和收入增长放缓，对农产品的需求也随之减弱，从而引起农产品价格下降。

4. 节假日需求周期性的变动规律

节假日需求的变化导致市场供求量的变化。如春节和中秋节，消费者的需求激增，农产品的供应量往往是平时的数倍，节后需求量骤减，导致价格出现明显变动。春节前的农产品，不是一天一个价，随时价格都在变动，增幅不再是百分位的变化，甚

至可能是数倍的变化。

（三）农产品定价目标

影响农产品价格的因素虽然很多，但是，农产品定价的目标是农产品经营者的具体任务，它是确定价格策略和营销策略的重要依据。农产品定价目标主要有以下几种：一是以生存为目标，就是在激烈的竞争中，经营者处于不利的市场环境中实行的一种缓兵之计，只能作为短期行为目标。二是以利润最大化目标。只有该农产品在市场中处于有利地位时，才可以选用的方式。三是以增加销售量为目标，为了降低单位产品的成本，通过增加销量达到盈利的方式。主要通过吸引对价格敏感的消费者。四是以市场占有率为目标，在市场竞争中，为了增加市场占有率，提高市场控制能力，阻止竞争者进入的措施。五是以适应市场为目标，为了稳步进入市场，以竞争者的价格作为定价基础，与竞争者保持相对稳定的关系，避免价格战的策略。

二、农产品的定价方法

农产品经营者往往需要根据不同的情况、不同的定价目标，采取不同的定价方法。

1. 成本导向定价法

成本导向定价法是以产品单位成本为基本依据，再加上预期利润来确定价格的方法。

其优点是：方法简单；同时，在考虑生产者合理利润的前提下，当顾客需求量大时，价格显得更公道些。

其缺点是：未考虑市场价格及需求变动的影响；未考虑市场的竞争问题；不利于农产品经营者降低产品成本。

克服成本加成定价法的不足的方法：农产品经营者可按产品的需求价格弹性的大小来确定成本加成比例，成本加成比例和价格是否确定合理，主要依赖于需求价格弹性估计的准确程度。这就需要经营者必须密切注视市场，只有通过对市场进行调查、详细分析，才能估计出较准确的需求价格弹性，从而制定出正确的产品价格，增强农产品经营者在市场中的竞争能力，增加农产品经营者利润。否则，无法达到预期目标。

2. 需求导向定价法

需求导向定价法是依据消费者对农产品价值的理解和需求差别来制定价格的方法。例如，相同的农产品因消费者需求和认识的差别，可以采用不同的价格。

在产品供过于求时，农产品经营者运用需求导向法定价，效果会更好。这种定价方法以销售地点、销售时间、产品质量、销售方式等发生变化所产生的需求差异为定价依据，对同一产品，根据不同的需求制定不同的价格。其主要包括根据地区差异定价、根据季节差异定价、根据质量差异定价、根据购销差异定价及根据批零差异定价。

采用这种定价方法，需要搞好市场细分，各细分市场的需求差异比较明显，防止“转手倒卖”，同时，实行差异定价要有充足的理由，避免引起顾客的反感；最后，应注意不能因实行差异定价增加过大的开支，否则得不偿失。

3. 竞争导向定价法

竞争导向定价主要的形式——随行就市定价法。随行就市定价法常用于质量差异不大、竞争激烈的产品，或者成本不易测算、市场需求和竞争者反应难以预料的产品。其优点：一是容易被消费者所接受，因为通行价格往往被人们认为是“合理价格”；二是可以使自己获得平均利润；三是可以避免挑起激烈的价格战，造成两败俱伤。

随行就市定价法是农产品定价最常用的方法。其主要是根据生产季节、货源供应情况及产品质量等随行就市定价。

三、农产品定价策略

1. 折扣定价策略

折扣定价策略是为了鼓励消费者及时付款、大量购买等采用低于基本价的策略。主要包括现金折扣、数量折扣、功能折扣、季节折扣等方式。

2. 心理定价策略

心理定价策略是针对消费者的不同消费心理，制定相应价格，以满足不同类型消费者需求的策略。

心理定价策略一般包括尾数定价、整数定价、习惯定价、最小单位定价。

3. 促销定价策略

农产品属于价格敏感性的大众消费品，常运用促销价格以吸引眼球，增加销售的策略。

促销定价策略常在节假日进行，如节假日的“买一送一”“大酬宾”等优惠活动，以招揽顾客为目标的定价策略。

4. 品牌定价策略

一般消费者都有面子需求，经营者将有品牌的产品，制定比市场中同类产品价格高的价格，它能有效地消除消费者心理障碍，使消费者不但产生信任感和安全感，而且会有面子。

5. 新品定价策略

新品定价策略常根据新品的特征选择不同的价格策略。

当经营的新品是供应不足，或是培育的新、奇特品种，采用撇脂定价法，其价格要高出其价值的几倍或十几倍，以获取最大的利润。

当经营者的新品需求弹性较大，价格低，销量大，价格高，销量就显著下降，采用渗透定价，其价格定得较低，让产品迅速占领市场的策略。

当经营者的新品具有显著的特征，又不是必需的产品，常采用适中的价格，这种定价策略可能使经营者和顾客都比较满意。这种定价策略适宜于优质、特色的农产品。

四、农产品的调价

（一）影响农产品调价的因素

由于农产品价格受众多因素的影响，农产品的调整价格具有常态性。农产品调整价格有主动调价和被动调价，价格走向又可分为提价和降价。

（二）降价技巧

降价技巧，就是经营者根据经营情况，对产品降低价格的几种经销方法。这种方法若使用得当，无论对经营者自己，还是对广大消费者，均有较大的好处。

产品降价，可以扩大销售，增强竞争能力，促使经营者加强管理。一般来说，除产品滞销、陈旧变质等原因外，经营者要降价销售，就必须降低产品的成本。为此，经营者就要加强管理，降低消耗，提高劳动生产率。否则，一是无法降价；二是减少经营者收入。

1. 经营性降价

经营者为了扩大产品销售，有时甚至将产品售价降到成本以下，以吸引消费者购买。随着产品销量的扩大，单位产品的成本大大下降，利润也就在其中了。这种降价，一般属于高明的经营者行为。

2. 优惠性降价

优惠性降价指经营者针对人们的求利心理，对主要用户，给予优惠待遇，以鼓励扩大购买和经常光顾。此种“与人分利，于己得利”的策略，是扩大市场、争取客户的好办法。

3. 陈旧性降价

陈旧性降价指经营者的产品由于长期积压，在外观、性能等方面已发生陈旧或变质，消费者很少问津，经营者为了将死物变成活钱，用于进行再生产，可采取削价的形式，促使产品尽快售出。所以，陈旧性降价也称处理性降价。

4. 竞争性降价

竞争性降价是经营者在产品的经销过程中，为争夺用户所采用的低于竞争对手产品价格的一种策略和手段。

5. 季节性降价

季节性降价是经营者对季节性产品所采用的一种经销手法。一般来说，在产品的销售旺季，可按正常价格售出；到了销售的淡季，便应降低产品价格。

6. 效益性降价

效益性降价是经营者由于改进技术、加强管理、降低消耗，使产品的成本明显下降，从而降低产品的售价。降价后，经营者仍能保持较好的经济效益。同时，这种降价形式一旦实施，便可大大增强竞争能力，扩大产品销售，进一步提高经营者的经济效益。

7. “零头”降价

“零头”降价即根据消费者的求廉心理，将产品的整数价格变为尾数价格。

(三) 降价注意事项

为使产品降价取得理想的效果，经营者必须努力做到如下几点。

1. 降价的幅度要适宜

经营者产品的降价，应根据具体原因、目的和要求进行，降价的幅度既不宜过小也不宜过大。过小，不足以引起消费者的兴趣，达不到降价的目的；过大，既会给经营者带来一定的利益损失，又会引起消费者的猜疑。

2. 降价的时机要恰当

对时尚产品，流行周期一过就应降价；对季节性产品，季末就应降价。一般来说，对新鲜产品，如蔬菜、水果、水产品等，在落市前就应降价；对一般产品，应尽可能在陈旧、变质前降价。在市场疲软时，对非紧俏产品可随时降价处理。

3. 降价的次数应有所控制

总的要求是，经营者产品降价的次数不宜太多。一个产品的降价次数多了，会使消费者产生观望等待心理，不利于经营者的产品销售，也不利于经营者经销工作的正常开展。

4. 降价的标签应显示出来

产品降价后，应将降价后的价格标签立即显示出来。制作降价后的价格标签，一种方法是划去原标价，再填写降价后的价格；另一种方法是换上降价后的新标签。根据我国物价部门规定，国家定价的产品，一律使用红色标签；国家指导价的产品，一律使用蓝色标签；经营者定价的产品，一律使用绿色标签。

（四）提价技巧

提价技巧就是经营者根据经营者的生产经营情况，对经营者产品实行提高价格的一种经销方法。

产品提价，对经营者来说，既有有利的一面，又有不利的一面，会产生正、负两种效应。通过提价，可增加效益，改善经营管理。即在产品成本一定的情况下，产品提价可提高经营者的盈利水平，增加效益。

经营者只有在发生下列情况之一时，才能对产品进行提价。

（1）在产品供不应求，又一时难以扩大生产规模时，可考虑在不影响消费者需求的前提下，适当提高价格。

（2）对需求弹性较小的产品，经营者为促进单位产品利润的提高和总利润的扩大，在不影响销售量的前提下，可适当提高

价格，如食盐等。

（3）产品的主要原材料价格提高，影响经营者的经济效益，在大多数同类经营者都有提高价格意向的前提下，可适当提高价格。

（4）产品的技术性能有所改进，或功能有所提高，或服务项目有所增加，在加强销售宣传的前提下，可适当提高价格。

（5）与竞争对手相比，经营者确信自己的产品在品种、款式等方面更受用户欢迎，在市场上已建立良好的信誉，而原定价格水平偏低，可适当提价。

（6）经营者产品的生命周期即将结束，经营同类产品的经营者大多转产，经销人员在出售产品时，面对一些具有怀旧心理的消费者，可以使自己的产品“奇货可居”提高价格出售。

无论是因经营者的费用增加而提价，还是经营者根据市场情况提价，都有一定的风险，搞不好会适得其反。因此，经营者在提价时，必须保证提价的幅度要适宜，提价的形式要灵活，提价的手法要巧妙。同时，要选择好提价的时机并控制提价的次数。提价后要进行情况跟踪，提价的回落要慎重。

第三节　策划农产品促销计划

促销是经营者运用各种手段，向消费者推销产品，以激励消费者购买，促使产品由经营者向消费者转移的一项活动。不论你采用什么样的促销手段，但目的是共同的。

（1）鼓励顾客尝试你的产品，尤其是与钱无关的刺激更会使顾客感到没有风险。

（2）建立你的知名度。

（3）获得忠诚的回报。

据此，可以把促进销售概念的内容概括为：对消费者传递产品信息，唤起顾客对产品的需求，以开拓市场，树立产品和经营者的形象。

一、选择促销手段的方法

促销的方法有多种，如人员推销、广告、营业推广、公共关系等，这些方法各有优点和缺点，对各种产品的销售所起的作用也不尽相同。如广告宣传覆盖面广，对于日常消费品的促销效果较好，但不能直接促成交易的成功；人员推销有利于直接促成交易，但费用较高。所以，必须根据产品特点和企业销售目标，选择和运用合适的促销策略。

（一）促销策略依据产品性质不同而异

一般来说，日用消费品如农产品更适宜于使用广告宣传。因为消费品一般技术性简单，花色品种多，市场需求广泛，最有效的促销手段是广告。目前的电视广告中，70%～80%是消费品的广告。为了吸引中间商，人员推销也是必要的。一些竞争性较强的消费品，促销策略更要周密设计。

（二）促销策略依据产品生命周期的不同而异

产品处于生命周期的不同阶段，市场销售态势不同，促销的目标也不同，因此，要相应地选择、编配不同的促销组合，制定促销策略。

1. 市场介绍阶段

新产品上市，促销的重点是让消费者认识和了解其性能和特色，以便做出购买决策。此阶段，应以广泛广告为主，辅以人员推销。旨在广泛介绍产品，且商店应保证有货，否则，不仅会丧失销售机会，而且会给产品声誉造成坏印象。

2. 市场增长阶段

促销的目标是引起消费者的兴趣，重点是宣传品牌和产品特色，激起人们对产品的进一步需求，树立顾客对本品牌产品的信

任态度，以促进销售的进一步增长，此时应以广告为主，同时，配合人员推销和公共关系等手段，扩大销售渠道，广设网点，便于顾客购买。

3. 市场成熟阶段

竞争者蜂拥而至时，促销的重点目标在于树立消费者对本品的偏爱，力争在竞争中占优势。促销手段以广告为主，但应改变其内容和形式，以突出产品的竞争中的优点，同时，配以人员推销、营业推广和公共关系等促销手段，使促销手段充分发挥作用。如产品进入成熟阶段，就要更多地派出推销人员，访问顾客，维系生产者与中间商的关系，进一步巩固和扩大产品声誉，对已有的客户，强调产品的竞争优势和价值，鼓励他们继续发展购销关系。

4. 市场衰退阶段

产品由成熟进入衰退，市场上已出现优于本品的产品，这时广告就不应是主要的促销手段，促销活动应当主要利用营业推广，使偏爱本产品的老顾客继续购买。同时，采用少量提示性广告，力求巩固原有市场。

需要说明的是，在产品生命周期的各个阶段，都要十分注意消除顾客购买产品后的不满意感。经营者应针对消费者的疑虑，采用广告和公共关系等方式加以解释和说明，消除疑虑，同时加强售后服务，以保持企业和产品在市场上的信誉，实现企业的长期目标。

（三）促销策略依市场范围不同而异

（1）市场范围小，产品只在本地市场销售，则应以人员推销或产品陈列为主。

（2）广泛的大范围市场，如全国市场或世界市场，广告就显得非常重要了。

（3）中等规模的市场可以一种促销方式为主，兼用其他方式，如一方面进行人员推销；另一方面在适当范围内进行广告宣传。

（四）促销策略依市场类型不同而不同

不同的市场类型，不同的特点，促销方式也不相同。

（1）消费者的类型不同，促销方式也不一样。城市居民偏爱广告，乡村居民则对产品陈列、展销容易接受。企业应针对不同类型的消费市场，选择对路的促销策略。

（2）生产者市场是另一类型的市场，专业性强，数量少，通常以人员推销为主。

（3）潜在顾客的数量也是选择促销手段时需要考虑的重要因素。潜在顾客多，广告就比较有效，反之，人员推销方式就比较合适，如残疾人轮椅多以产品展示或柜台广告为主，化妆品则以广告为主。

（五）做好促销预算

不同行业、不同产品预算差异很大。化妆品行业的促销费用最高，为营业额的30%～50%，而在工业机械行业只有15%～20%，而农产品的促销预算都在10%以下。

促销预算额的确定，一般是确定一个其占营业额的百分比作为预算额。当然归根到底还要看促销的实际效果，来随时进行调整，其中，关键因素决定于产品处于市场生命周期中的哪个阶段以及产品对于消费者的重要程度。

二、促销策略类型多样

1. 推动策略

使用推动策略，主要是利用人员推销和其他营业推广手段，把产品“推”向市场，使用这一策略，大多是经营者有雄厚的推销人员队伍，或产品声誉较高，或是采购者的目标比较集中。

2. 拉引策略

拉引策略是指利用广告和其他宣传措施，来引起消费者对产品或服务的兴趣。如果这些促销措施奏效，消费者就会自动到商店购买该种产品，也就是说将消费者“拉”到产品这边来了。

实行拉引策略的必须将大量促销费用用于广告及宣传以吸引顾客。使用这一策略，主要是产品的销售对象比较广泛，使用人员推销在经济上不合算，或是新产品初上市场，需要扩大知名度。

3. 攻击策略

攻击策略是对竞争者采取主动出击的策略，想别人所未想，注意别人容易忽略的地方。

避实就虚，既要摸清消费者的需求变化规律，又必须注意摸清竞争对手的经营规律，才能做到见“实”就避，乘“虚”而入。

4. 形象策略

形象策略也称信誉销售策略，经营者不但要在广告宣传中树立起自己的形象，更重要的是研究用户心理，千方百计在用户的心目中树立起良好的产品形象。“经商信为本，诚招天下客”，可说是至理名言。要靠信誉赢得顾客，需在6个方面竭尽全力。

（1）树立广告信誉。广告要适度，名副其实。

（2）树立质量信誉。“质量就是生命”，质量关系到产品销售的市场份额，关系产品的兴衰。

（3）树立价格信誉。维护价格信誉，必须力求公平作价、明码标价，优质优价、品质稳定。

（4）树立合同信誉。遵章履约、恪守合同是经营的基本道德。树立合同信誉，严格按合同规定，承担责任，才能取信于人。

（5）树立计量信誉。经营中要尺足、秤满、量平，做到计量准确，不光经营作风应从严要求，还要防止许多非主观因素影响经营信誉。

(6) 树立售后信誉。售后服务是决定消费者是否再次购买，从而影响产品的市场份额的关键。消费者购买后，产品不能正确使用，就会对该产品丧失安全感，其他人再行购买就会有后顾之忧，以至影响产品的信誉和销量。以售后服务取得信誉，主要包括访问用户，得到信息反馈；提供农产品食用方法技巧等；对产品使用技术比较复杂的，要帮助技术或代用户培训技术力量等。

5. 系列销售策略

系列销售策略就是将若干种互有关联的产品配在一起进行销售，这样既扩大了销售，又赢得了用户的心。

6. 文化促销策略

人类历史发展过程中，形成了许多优秀的传统文化，文化促销就是“借推销文化，实推销产品”的策略，将文化与产品有机地结合起来，达到将企业形象及产品推向市场的目的。典型的形式是近几年逐渐兴起的各种文化节，如原阳大米节、新郑大枣节等。但要注意两个问题：一是要有档次；二是要有品位。

7. 感情促销策略

感情是人类生活中最为重要但也最为复杂、最难解释的东西，在产品经营中注重人情，是经营者实现经济效益的重要途径。如情人节玫瑰花的销售量会大增；中秋节对中国食品生产商可能就是个好日子；一些中老年保健品生产企业，利用母亲节、父亲节、重阳节等节日大做文章，提醒做子女的别忘了去看望操劳一生而年迈的双亲，也不乏为良策。

8. 名人促销策略

借助名人的声望与地位来宣传企业及其产品或服务，是一条提高产品或服务销售量的捷径。名人效应对企业及产品的影响不

容忽视，如柳桃、潘苹果等借助名人效应获得利润。名人效应不仅指真正的名人为企业的广告效应，有时利用“模仿秀”打一下名人的牌子，也能为经营者带来可观的公关效果。

9. 好奇促销策略

好奇是人之天性，好奇心会驱使消费者接受产品信息，去认识产品，接近产品和消费产品。企业可抓住机会，投其所好，达到销售产品的目的。

国外有一家啤酒店，在店外立了一个大酒桶，桶中间挖了一个小洞，桶上赫然写着“不许偷看”。这正勾起人们的好奇心，纷纷驻足从小洞往里看，原来里面写的是“我店生啤，与众不同，清醇芳香，一杯5元，敬请享用。”人们在大笑之余信步走入小店，饮上一杯啤酒。

10. 赞助促销策略

公益慈善活动本来是被认为只赔不赚的赔本生意，然而随着人们对这些社会活动的关注和热心与日俱增，通过赞助公益慈善活动来进行公关促销，也成了企业的生财之道。

11. 展览促销策略

展览会是公关促销中经常采用的形式，它以其“短平快”和相对集中影响着宣传促销效果吸引了众多的厂家、商家和广大消费者。各地农产品纷纷亮出自己的绝招，以创新的产品，鲜明的展位和独特的展台设计来吸引观众。

12. 教育促销策略

消费者是顾客，不是研究产品的专家。尤其是新产品，消费者并不知道它们的使用价值和使用方法，这就需要企业从产品的基本知识入手，对消费者或潜在消费者进行与产品或服务有关的知识教育、技能教育和观念教育，使消费者接受企业的产品，引起其消费行为。

三、农产品促销策略的选择

（一）使用价格策略

参与市场竞争对于大多数农产品来说，价格竞争是最有力的竞争手段之一。特别是对于农产品的生产型消费者更是如此，他们的购买量大，很小的价格变动都会引起他们较大的成本波动。经营者在经营自己的产品时，要学会使用价格竞争。如为了刺激消费者大量购买，可以在基本价格的基础上作出调整，给消费者一定的好处，促进销售。对于不同的目标市场、产品形式、销售时间、销售地点实行差别定格，从而满足不同的市场需求，以扩大销售，提高经营者的经济效益。

（二）选择适宜的促销技巧

扩大销售水平讲究促销技巧，是指经营者在促销自己的产品时要根据消费者心理动态有针对性地采取促销策略。从消费者购买产品的过程来看，大致可以分成4个阶段，在每个阶段要使用不同的促销方法。

（1）寻找产品的阶段。消费者出于某种需求，希望寻找某种产品来满足需求。这时，经营者要积极介绍自己的产品，特别应针对消费者需求来介绍产品的特点，引起消费者的购买欲望。

（2）比较的阶段。消费者可能要将同类产品作一个比较，其中，主要是比质量、比价格。这时经营者要强调自己产品具有优势的一面，或者给予某种优惠，促成消费者下决心购买。

（3）购买阶段。要满足消费者在购买时的要求，并且要用热情的态度招呼消费者，希望再次购买。

（4）评价阶段。有的消费者购买产品后感觉比较满意，可能再次购买，成为“回头客”。这时经营者一方面要热情接待；另一方面可利用“回头客”的良好评价说服其他消费

者购买。

总之，在促销产品中，要不断总结经验，提高自己的促销技能，就会产生良好的销售业绩。

（三）符合消费者的购买心理

选择不同的营销策略面对产品品种繁多的市场，顾客是否购买某一产品，是由其心理动机决定的。分析顾客的购买心理，对生产经营者发现市场机会，采取相应措施促成交易，有重要意义。依据顾客的购买心理可分为如下类型。

（1）理智型。这类顾客具有一定的产品知识，注重产品性能和质量，讲究物美价廉。

（2）选价型。一是以价格低廉为选产品的前提条件，对“优惠价”产品感兴趣；二是对高档、高价产品感兴趣，认为一分钱一分货，要买就买好的。

（3）求新型。这类顾客追求时尚与款式，往往不问价格、质量。

（4）求名型。崇拜名牌产品，对价格高低并不过多考虑。

（5）习惯型。顾客对某些厂家、商标的产品熟悉、信任，或因生活习惯等的不同，形成一种使用某种产品的习惯。

（6）不定型不常买东西，对市场情况和产品不熟悉，购买时犹豫不决，反复征求他人意见。

经营者在经营过程中要细心观察，针对不同的购物心理，采取不同的促销策略。

（四）分析消费者购物习惯

采取适合的营销策略购买习惯，主要指顾客“何时购买”“何处购买”“如何购买”。搞好农产品的营销工作，必须认真分析顾客的购物习惯，搞好农产品的促销工作。

1. 顾客何时购买

每个节假日对哪种产品需求量最大？当地企事业单位每月何

时发工资？每周中星期几购买人数最多？每天中哪段时间顾客最多？只有对顾客的消费习惯了解清楚，才能最大限度满足顾客要求，增加农产品的销售数量。

2. 顾客何处购买

包括顾客在何处下决心购买和顾客在何处实施购买行为两个方面的问题。两者可能在同一地方，也可能在不同地方。有些产品经常是在家里作出购买决定，然后再到市场选购。这些产品，应通过电视、广播、报纸、杂志等进行宣传，使消费者对产品的性能、特点、用法、价格、售后服务以及到何处购买等详细了解，使其家喻户晓，吸引顾客购买。也有一些产品，是顾客在购货现场临时决定购买的，对这类农产品，要搞好产品的包装、陈列及购货现场的宣传，以刺激消费者的购买欲望。

3. 顾客如何购买

购买方便，是顾客的普遍要求。产品品种、数量、规格多样化，如肉类食品应有鲜货、腋制、卤制等；产品供应在时间上随叫随到；在地点上尽可能就地就近购买；包装易于识别、携带；购买方式多种多样；付款方式上有分期付款、先购物后付款等。对顾客这些购买方便要求，经营者应尽其努力，以扩大自己产品在顾客中的影响。

（五）搞好售后服务

搞好售后服务，扩大经营者的影响。经营者要扩大自己的影响，必须搞好产品售后服务。一是做好准备，以便及时、准确地处理好各种询问和意见；二是必须有实效地解决顾客所提出来的实际问题，这比笑脸相迎更为重要；三是提供给顾客多种可供选择的服务价格和服务合同；四是在保证服务质量的前提下，可把某些服务项目转包给有关服务行业厂家；五是不能怕顾客提意见，应把此看成改进自己的产品和服务，搞好生产

经营的重要信息来源。

（六）做好广告宣传

做好广告宣传，扩大产品知名度。广告通过各种方式将自己产品的性能、特点、使用方法等广泛地向消费者介绍，引起对自己产品的购买欲望。经营者要制定正确的广告计划，选择适当的广告策略，设计适宜的广告，并选择好广告媒体。

第五章 农产品营销渠道

第一节 农产品营销渠道概述

一、农产品营销渠道的含义

农产品营销渠道是一切促使农产品顺利地被使用或消费的一系列相互依存的组织或个人，包括供应商、经销商（批发商、零售商等）、代理商（经纪人、销售代理等）、辅助商（运输公司、独立仓库、银行、广告代理、咨询机构等）。

二、农产品营销渠道的历史演变

1. 农产品运销阶段

19 世纪末 20 世纪初，农产品营销的产生阶段，也是市场营销学产生的阶段。在该阶段，农产品营销渠道主要形式为生产者—消费者的直接销售渠道。由于在该时期美国农产品生产的规模化和机械化程度提高，加上工业发展需要大量劳动力，大批剩余劳动力涌入城市，客观上造成了城市劳动力的相对过剩，对农产品的购买能力下降，农产品市场价格相对提高。解决该问题的主要方法是如何选择经济便捷的运输方式，以降低运输成本和销售价格。因此，许多学者将这个时期的农产品营销学称为“农产品运销学”（图 5-1）。

生产者 —渠道范围／运输方式和销售方→ 消费者

图 5-1　19 世纪末 20 世纪初农产品运销渠道主要形式和范围

2. 中间商销售为主阶段

20 世纪 20—40 年代，由于美国农产品机械化和规模化水平的进一步提高，农产品出现了过剩问题，形成了农产品买方市场。农产品营销已不是如何降低渠道成本和提高营销效率问题，主要问题是如何使过剩的农产品实现市场交换。以前的农产品运销方式显然带有生产主导性，生产者缺乏市场驾驭能力，这样出现了对中间商的选择和培养，通过中间商的市场能力优势把农产品推向市场，完成农产品在流通领域中的所有权转移（图 5-2）。因此，在该时期许多人把农产品营销等同于农产品推销。

生产者 —渠道范围／中间商的买卖活动（不包括分类、储存）→ 消费者

图 5-2　20 世纪 20—40 年代农产品营销渠道主要形式和范围

3. 垂直一体化渠道阶段

20 世纪 50 年代，由于中间商在农产品市场交换中占有主导地位，传统的营销渠道系统中的中间商（渠道成员）处于完全竞争、相互排斥的状态。农产品在流通过程中所有权转移环节多，各渠道成员为自身利益，往往以追求最大利润为目的，农产品在市场中的交换利润绝大部分被中间商取得，生产者往往得不到农产品在市场交换中的平均利润，受到中间商的盘剥。为了抵制这种盘剥，农民纷纷组织各种形式的生产者联合体，实行农工贸一体化经营，形成了以农产品加工工业和农商综合体中心的垂直一体化渠道系统，使农产品营销渠道延伸到生产领域（图 5-3）。

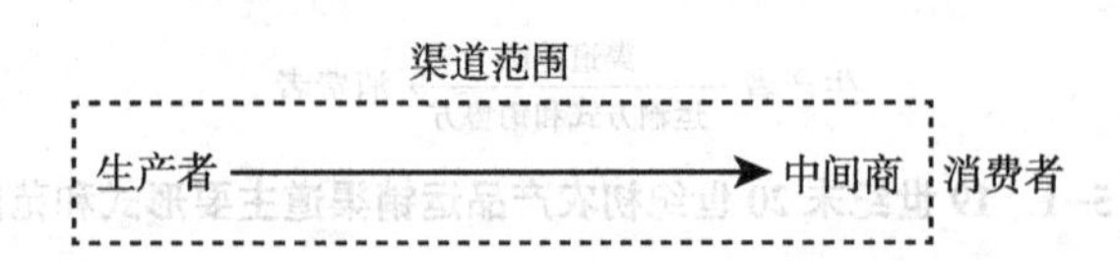

图 5-3 20 世纪 50 年代农产品营销渠道主要形式和范围

4. 以顾客为中心的发展阶段

20 世纪 60—70 年代，随着经济的发展，消费者的消费越来越个性化，农产品营销渠道活动从消费领域开始，形成了以顾客导向为特征的营销观念。农产品渠道的设计以方便顾客和为顾客服务为中心，渠道设计从以生产为中心转变为以顾客需求为中心，将农产品营销渠道延伸到消费领域（图 5-4）。

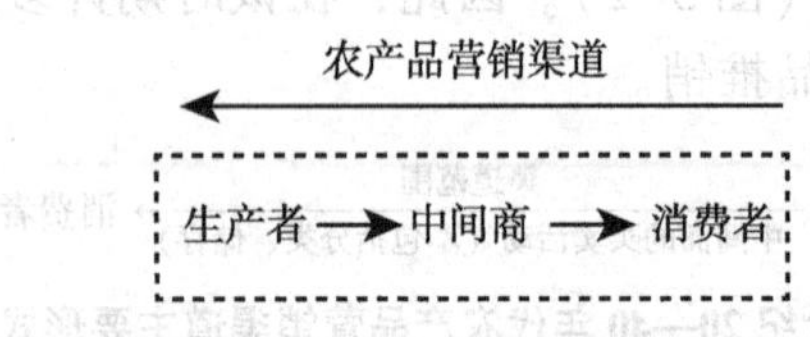

图 5-4 20 世纪 60—70 年代农产品营销渠道主要形式和范围

5. 渠道整合阶段

20 世纪 80 年代至 20 世纪末，农产品营销渠道从过去传统的营销渠道系统发展到整合的营销系统。渠道成员间的关系由原来各自追求最大利润为目的的竞争关系整合为农产品生产、流通、消费等全过程的服务目标统一性。在此基础上建立起渠道成员间的各种合作关系。在西方农业发达国家，特别是美国，其农业联合体逐渐成为农产品营销的主体。农业现代化的发展要求农业中许多部门（如产前、产中、产后的服务机构和加工机构）从农业中分裂出来，形成以农产品生产、流通和消费为中心的综合服务体系。这种综合服务使农产品营销渠道延伸到农产品产前的服

务领域和其他辅助的服务领域（如银行、保险、运输、咨询等）。

以上农产品营销渠道发展的5个阶段是伴随农产品营销理论的发展而变化的。同时，农产品营销渠道的演变也是农业经济发展的演进轨迹。前3个阶段属于以生产为导向的农产品营销阶段，主要目的是通过降低成本、提高渠道效率，使生产者的农产品传递到消费者手中。采用以农产品为中心的农产品运销、农产品推销和产销一体化的营销活动方式。这些营销方式实质上是生产—市场的模式。它适应卖方市场下的农产品营销活动。第四、第五个阶段，由于经济和技术的快速发展，农产品生产已不再是营销活动中的主要问题，顾客的需求尤其是顾客需求的个性化，使农产品营销活动必须以顾客需求为出发点和终点。农产品营销渠道的设计形成了市场—生产的模式。该模式不仅体现买方农产品市场的需要，也满足在卖方市场下生活水平日益提高的顾客差异需求。

三、选择农产品营销渠道的影响因素

选择正确的销售渠道，要考虑农产品经营者的主观条件和客观条件等诸多因素，其中，关键因素是目标市场的状况、产品的特点和经营者本身的资源状况。

1. 考虑目标市场因素

（1）目标市场的类型。农产品市场和工业品市场是两类不同的目标市场。一般客户在销售农产品时，应适当考虑农产品不耐储存的特点，尽量减少流通环节。

（2）潜在顾客数量。如果潜在顾客的数量相对较少，经营者可以考虑使用推销人员直接推销；相反，如果顾客数目多，就必须考虑使用中间商进行广泛的销售活动。

（3）市场分布状况。目标市场如果比较集中，经营者一般可采用直接销售的方式；如果分散，则使用中间商。

（4）市场容量大小。对于一次性购买数量很大的用户，可直接供货；对于订单较小的用户，可以通过中间商进行销售。

2. 考虑产品因素

（1）价格。价格越高，越适于选择短渠道模式，因为多1次中间转手，就要加上一定的中间商利润，会影响销路，一些价格较高的产品，最好是经营者用推销员直销。

（2）产品耐久性。易腐产品或式样容易过时的产品，周转要快，渠道越短越好；而比较耐久的产品，则可以采用比较长的渠道销售。

（3）产品技术性质。一般技术性较高的产品，或售后技术服务非常重要的产品，经营者应尽量缩短渠道。高技术的耐用消费品，如需通过中间商销售，必须设立修理服务中心，防止因无力承担维修服务而影响销售。

（4）产品的体积、重量。体积大、重量也大的商品，宜短渠道销售，以减少流通费用。

3. 农产品经营者本身的资源因素

（1）经营者的规模和声誉。实力很强、市场声誉高的经营者，一般利用少环节或直销渠道，而资金和条件有限的经营者，多数要依靠中间的力量。

（2）管理能力。管理先进的企业可以直接派出推销人员或自己设立销售网点，缩短渠道，缺乏销售经验和能力的农产品经营者，则可依赖中间商。

（3）控制渠道的愿望。有些知名品牌，为了维护产品的声誉，控制产品的售价，宁愿花费较高的直接推销费用，采取短渠道销售；有的经营者只求卖出产品，不想控制销售渠道，大多依赖中间商销售。

（4）成本效益。经营者可供选择的营销渠道很多，但在选

择过程中，要考虑成本和效益情况，注意选择低成本、效益好的方案，以利于提高其利润水平与竞争能力。

四、农产品营销渠道的作用

1. 促进生产，引导消费

农产品只有通过市场交换，才能到达消费者手中，才能实现其价值和使用价值，企业才能盈利。营销渠道就是完成农产品从生产者到消费者的转移，起到桥梁作用。农产品营销渠道连接生产和消费，既是生产的排水渠，又是消费的引水渠。排水渠不通，农产品就不能及时销售出去，资金周转困难，农业再生产就无法顺利进行。引水渠不畅，农产品就不能及时顺利地到达消费者手中，消费需求就得不到满足。因此，对于生产者来说，不仅要生产满足消费者需要的农产品，还要正确地选择自己的营销渠道，做到货畅其流，发挥促进生产、引导消费的作用。

2. 吞吐商品，平衡供求

农产品营销渠道是由一系列商业中间人联结而成的。这些商业中间人类似于大大小小的蓄水池，在农产品供过于求的地区或季节，将农产品蓄积起来，在供不应求的地区或季节销售出去，起到吞吐商品、平衡供求的作用。农产品市场具有明显的地区性和季节性供求不平衡的矛盾，营销渠道上的商业中间人可以使这种矛盾得到缓和。

3. 加速商品流通，节省流通费用

一个生产企业依靠自己的力量出售自己的全部产品是不现实的。这要占用相当多的人力、物力、财力和时间，从长远观点和宏观经济分析是不合算的。选择合适的营销渠道，利用商业中间人的力量销售自己的产品，至少可以带来两方面的好处：一方面可以缩短流通时间，相应地缩短再生产周期，直接促进生产的发展；另一方面可以减少在流通领域中占压的商品和资金，加速资金周转，扩大商品流通，节省流通费用。

4. 扩大销售范围，提高产品竞争能力

农业企业仅仅依靠自己的力量直接向消费者出售产品，其销售范围和销售数量是非常有限的。如果选择合适的营销渠道，将产品交由商业中间人销售，则可以运输到很远的地方，从而扩大产品的销售范围。同时，一些商业中间人为了自身的利益也乐于为产品做广告，这样就有可能增加销售数量，从而提高产品的市场竞争能力。

第二节　农产品批发与零售

一、农产品批发商

把农产品卖给零售商的中间商，就是农产品批发商。

（一）农产品批发商的特点

农产品批发商主要有以下特点：交易的内容比较稳定，因而对交易产品的规格、性能等有比较全面的了解，通常具备一定的专业知识；交易次数较少，但是每次交易数量都很大，并且以批发价格出售，交易对象相对比较稳定；一般都拥有比较雄厚的周转资金，可以承担比较大的风险；活动范围广，可以把相距很远的甲地产品售往乙地；市场变化对批发商来说反应极为敏感；拥有比较稳定的进货渠道，与零售商相比与生产者的关系更为密切；农产品批发商批发的商品中，有很大一部分是原始产品或初级产品。

农产品批发商处于生产者与零售商之间，是双方之间的纽带和桥梁，而且随着农产品的交易规模越来越大，经济逐步实现社会化和现代化，农产品批发商所起的作用也越来越突出。

（二）农产品批发商的类型

1. 全面服务批发商

介于生产者和零售商之间，为双方提供全面服务的批发商，就是全面服务批发商。他们既可为众多的零售商提供大量购买服务，也可为生产者提供农产品的大量销售服务，是双方之间很好的桥梁。全面服务批发商接触范围广泛，单位营销费用比生产者和零售商都少，是农产品批发商中最普遍的形式。

2. 部分服务职能批发商

执行一部分服务职能的批发商，常被称为"二道贩子"的，就是部分服务职能批发商。他们主要是从产地批发商或农产品加工业者手中购进农产品，然后再向市场上的批发商或农产品加工者销售农产品。其特点是购进农产品时不与农户发生直接联系，售出时也不和零售商发生直接联系，对商品既不储存也不运输，只在交接货后转手出售。在农产品对外贸易中，此类批发商也包括出口商和进口商等。批发商是此类批发商交易的主要对象。

3. 特殊批发商

对于必须采用特殊的储存方法，或者有特殊的宣传方法来销售的特殊商品，常有特殊批发商专做其批发销售业务。他们批发的商品通常是一些有特殊销售要求的农产品，如要求短时间内运输、销售、消费的易腐性农产品。具体种类有鲜鱼、蔬菜、配置精菜和快餐食品等，因为此类批发商要经常送货给零售商，零售商不必大量储存农产品，所以，特殊批发商便承担起了农产品腐烂变质引起的风险。

二、农产品批发市场

（一）农产品批发市场的类型

(1) 农产品批发市场是由政府开办的，主要是指参照国外经验，由地方政府与国家商务部共同出资建立起来的农产品批发市场。

（2）自发形成的农产品批发市场，是指由民办而形成的农产品批发市场，一般是在城乡集贸市场的基础上发展起来的。

（3）批发市场主要是在农产品的产地，就是那些在农产品产地形成的批发市场，这些农产品不是靠当地市场消化，而是向国内、国际市场销售。

（4）销地批发市场，是指在农产品销售地，农产品营销组织将集货再经批发环节，销往本地市场和零售商，以满足当地消费者的需求。

（二）影响农产品批发市场销售区域的因素

农产品批发销售区域的大小，是由多种因素影响的。这些因素主要包括产品性质、价格、运输设备与费用、市场情报等。

1. 产品性质

产品性质包括产品的体积、重量和价值等。一般体积小、分量轻、价值高的农产品，相对来说因为运输方便且运费低廉，那么销售区域就会相应变大；与之相反的，就是那些体积相对加大、重量比较重且价值较低的商品，销售区域就小。有些农产品生产具有很强的地域性，如柑橘只能在我国长江以南的省份生产，虽然如此，但是由于北方也是一块很大的市场，也有很大的需求，所以，这种商品也需要长距离运输，才能满足市场的需要。水果、蔬菜利用产销季节差进行销售，也涉及长距离运输。农产品的易腐性是限制长距离运输的主要因素之一，要想进行长距离的运输，就要采取相应的措施。如运用冷藏设备进行保鲜，这样就可以大大扩展经营市场。另外，质量越高、品牌形象越佳的农产品，越受消费者的欢迎，销售区域也越广。

2. 价格

利用不同市场相同农产品的价格差别，使批发商在对该商品进行运销的过程当中获利，远距离运销农产品的真正动力就是赚

取差价。所以，价格差别常可以扩大批发市场销售区域。

3. 运输设备与费用

用铁路运费低廉，安全可靠。靠近铁路的批发市场，就是因为这样才使得市场范围急剧增大，由于其商品集散能力很强大，所以，相应地产品的销售区域也会变大。我国的高速公路四通八达，卡车虽然运量小，但其可以“从门到门”，时间自由，为货主服务更周到，再加上政府强有力地保障农产品运销，所以，公路卡车运输被更多的货主选择。对批发市场销售区域的形成影响较大的也是卡车运销。

4. 市场情报

市场情报对吸引周围地区和远距离地区的农产品影响极大。尤其是远距离批发贸易，要想在没有准确的，如价格行情、存货量、市场需求量等市场情报的情况下，把交易完成，是根本不可能的。

三、农产品零售

（一）零售商的含义

所有向最终消费者直接提供货物和服务，使之用于个人生活消费和非商业性用途的活动就是零售。以从事零售业务为主要经济来源的组织和个人称为零售商。

（二）零售商的类型

按其经营方式、经营商品的种类、服务的区域和管理形式的不同，可以将农产品零售商分为以下几种类型。

1. 百货商店

百货商店有助于满足一些顾客在同一时间、同一地点选购多种商品的需要。为了吸引大量的消费者购买，在大中城市的百货商店一般都在城市繁华地段开设，同时，还有训练有素的导购人员对消费者进行消费引导，以节约消费者的购物时间，提高消费者的购物效率。

2. 专营商店

专门经营一种或几种农副产品的零售商店，如粮油商店、水果商店、水产品商店、蔬菜商店和副食品商店等就是专营商店。专营商店特点是店面较小，雇员较少，销售效率高，营业费用低。目前，在我国的大中城市，农副产品大多采用这种形式进行销售。

3. 摊贩

根据贩卖经验和市场行情，每天清晨从批发商手里批得当天能够售完的农产品，经过分级、整理，以不同的价格售给消费者，主要经营蔬菜、水果、水产品和副食品等的就是摊贩。摊贩经营灵活，从业人员多，对市场需求变化反应迅速，能及时满足消费者的需求。当今我国的城市、城镇和农村，每天为居民提供需要的蔬菜、水果、肉蛋等农副产品的大多是这些摊贩。

4. 连锁商店

连锁是在同一资本系统和统一管理之下，分设两个或两个以上具有统一店名的商店组织形式。连锁商店的特点，就是连锁的各家商店在产品定价、宣传推广以及销售方法等方面都有统一的规定，管理制度实行统一化和标准化。连锁商店统一进货，由于进货量大，价格上可享受特别折扣，并且在存货、市场预测、定价政策和宣传推广技术等方面有较高的管理水平，所以，相对来说成本较低。但是由于统一管理，各个商店的灵活性就有所缺乏。

5. 超级市场

超级市场特点是自动售货、薄利多销、一次性结算，营业面积大，进货量大，普遍增设服务项目。很多蔬菜、水果、禽畜等农副产品尤其是绿色农产品，随着市场竞争的加剧和绿色农业的发展，纷纷开始进入超级市场参与竞争。

6. 方便商店

它是一种小型商店，多设在居民区，营业时间长，主要销售香烟、小百货等家庭常用商品，兼营蔬菜、水果等农副产品。消费者之所以来光顾这样的小店，主要就是利用他们做“填充式”采购，所以，产品的价格相对要高一些，但它们满足了消费者一些紧急的需求，人们愿意为这种便利付出更高的代价。

（三）农产品零售区域

零售市场所覆盖的农产品销售地域，就是农产品零售区域。一般来说，相对于工业品零售区域来说农产品零售区域比较小，因为农产品具有易腐烂、不便于储存的特点，并且消费者要求的鲜活程度高。影响农产品零售区域的因素主要有以下几点。

1. 产品属性

农产品的固有属性就是易腐烂变质，不易储存，但是其中一些农产品经过加之后工，就可以有较长时间的保质期。例如，水果经加工制成果脯，鲜鱼经过烤制加工成鱼片，对新鲜蔬菜进行真空包装等，零售区域就可以相对扩大一些。

2. 城市规模的大小

市场需求量随着城市规模的增大、人口数量的增多，也就相应变大，也就意味着零售区域变大。

3. 道路条件及交通运输工具状况

道路状况好，交通运输工具先进快捷，零售区域就大；反之则小。

4. 商店的信誉度与商品价格

如果商店有良好的购物环境，并为顾客提供良好的服务，商品价格较其他商店低，并且还有很好的信誉，那么即使距离顾客较远，顾客也愿意光顾，这就能吸引较多的、甚至远方的顾客，零售区域必然增大。

第三节 农超对接

一、农超对接的含义

农产品超市是指以农产品为主的零售商店和大型商场中的农产品销售柜区，它处于现代农产品物流业链条的终端环节，是农业产业化的“龙头”。它的基本特征是农贸市场公司化经营，明晰产权关系，由企业规范管理，是提升业态的有益尝试。通过建立完善现代企业制度的经营方式，可以极大地提升市场的竞争力。

农超对接是指农户和商家签订意向性协议书，由农户向超市、菜市场和便民店直供农产品的新型流通方式，主要是为优质农产品进入超市搭建平台。“农超对接”的本质是将现代流通方式引向广阔农村，将千家万户的小生产与千变万化的大市场对接起来，构建市场经济条件下的产销一体化链条，实现商家、农民、消费者共赢。

农产品与超市直接对接，市场需要什么，农民就生产什么，既可避免生产的盲目性，稳定农产品销售渠道和价格，同时，还可减少流通环节，降低流通成本，通过直采可以降低20%~30%的流通成本，给消费者带来实惠。

随着大型连锁超市和产地农民专业合作社的快速发展，我国部分地区已经具备了鲜活农产品从产地直接进入超市的基本条件。开展鲜活农产品“农超对接”试点，积极探索推动鲜活农产品销售的有效途径和措施，是减少农产品流通环节、降低流通成本的有效手段，有利于实现农产品从农田到餐桌的全过程质量控制。

二、农超对接的试点企业要求

1. 试点企业

（1）企业经济效益在当地名列前茅，连续盈利3年以上，无违法经营记录等。

（2）企业资产结构合理，资产负债率在70%以下。

（3）超市生鲜农产品销售额占总销售额的25%左右。

（4）具有稳定的农产品供货渠道，包括企业自有生产基地、与农民专业合作社合作等。

（5）具有与经营规模相匹配的连锁超市、生鲜农产品物流配送中心及辅助设施等。

2. 产地农民专业合作社

（1）具有注册商标和产品包装等自主品牌，获得市级以上农产品名牌产品或著名商标称号。

（2）生产基地或产品获得无公害农产品产地认定或产品认证，或产品已开展绿色食品和有机食品认证，基本建立农产品质量安全追溯和自律性检测检验制度。

（3）生产基地实行统一生产技术规程和质量标准，标准化生产面积占80%以上。

（4）专业合作社与所推荐试点企业已有或即将建立合作关系。

农超对接的流程，见图5-5。

超市和连锁店相比传统农贸市场有以下优点：一是作为零售企业的农产品超市尤其是大型超市，直接与消费者接触，有专业的营销人员，能直接了解消费者需求的变动。因此，可以对农业生产起引导作用。同时，进入超市的农产品要符合国家的一些标准，有利于对农产品质量的全面监控。超市可以将农产品按不同的等级分类定价，不仅满足了顾客多样化的需求，也促进了农产

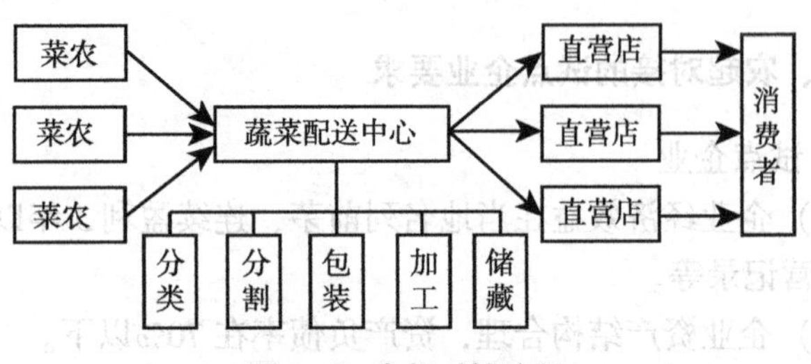

图 5-5　农超对接流程

品深加工和农产品包装业的发展。二是大型连锁超市对商品具有大量采购、均衡供应、常年销售的显著特点。农产品超市的发展壮大必将使更多分散的农民在龙头企业的带动下组织起来，使得农产品各种生产要素能够合理调整，组织化程度也将大大提高。三是超市可以为顾客提供其他农产品营销渠道无法比拟的购物环境。超市的农产品会比其他渠道的农产品更注重品质，超市舒适的购物环境和统一的定价也可以让顾客避免在传统的农贸市场忍受“脏、乱、差”和“乱要价、哄抬价”，超市还可以实现一站式购全。

三、农超对接的操作

(一) 分析自己的农产品是不是适合在超市销售

适合农超对接的农产品应符合全国性的大众消费需求，主要包括蔬菜、水果等生鲜农产品，肉类、米面粮油主要由一些大厂直接供应。部分特色产品因为其产地和供货商相对集中，在超市以联营销售的模式为主，黑土豆、黑番茄、中药材、苗木等因为不是大众消费品，不适合在超市销售。

有机绿色农产品的目标消费者相对高端，适合在大城市的一些高端超市销售，部分区域型超市虽然也引进了有机绿色农产品，但是销量较低，其目的主要是为了丰富产品品种。

（二）了解农超对接的基本模式

(1) 超市与农民专业合作社合作，由合作社帮助超市采购农产品，目前国内大部分超市都采用这种模式。

(2) 超市与龙头企业合作。

(3) 超市与镇政府和村委会合作，共建种植和养殖基地。

（三）做好对接前的准备工作

(1) 确定自己的产品是否适合超市渠道。

(2) 确定自己的产品适合哪类超市、在什么地区的超市销售。

(3) 合作社的规模是否能够符合超市的需要。

(4) 对本合作社的农产品成本、种植数量、产量、供应周期是否有明确的认识。

(5) 合作社的相关资料准备，营业执照、税务登记证、相关认证及荣誉证书、合作社宣传资料、产品宣传资料。

(6) 准备能够长期稳定供应的产品样品，对于应季类商品要提前商谈。

（四）农产品生产经营者在农超对接中遇到的问题

1. 农产品质量管理意识

一般农民的质量管理意识同超市的要求差距甚远。农民长期以来习惯了与传统农产品供应链打交道，以量取胜。品质良莠不齐，但都能卖钱。当超市要求他们按照标准对产品分等级的时候，往往做得不彻底，唯恐剔除次品会影响自己的收入。导致验货时达不到超市的要求和标准，造成不必要的损失。

2. 农民的生产技术

超市经营农产品的要求是质量均一并能长期稳定供货。虽然我国农业生产技术有了很大提高。但很多农产品品质同超市的标准相比，还存在很大差距，达到超市合格标准的产品比率不高。

3. 超市的现金付款问题

超市一般采用银行结算支付方式，即使对超市来说是很短的账期，但对农民来说往往难以接受，农民更习惯于现金交易。缺乏周转资金也是农民专业合作社参加农超对接的一大障碍。

4. 双方地位问题

超市与农民在谈判交涉力量对比上不对称。超市是现代化企业，组织管理严密，具有较强的谈判能力和法律保护手段。在农超对接过程一旦遇到纠纷的时候，农民如何通过法律手段来维护自身的利益是一个难题。

5. 农产品的价格问题

在农超对接的合作中，理论上超市应该给予农民优惠，把节省的部分利润返回给农民。但超市本身也存在着巨大的价格压力，提升采购价格的空间很小，并不像农民所想的那样“大公司应该出大价钱”。

（五）签订农超对接合同

超市的各项审核工作逐项完成，特别是农药残留检测报告合格，协调员的审核报告获得总部批准以后，协调员将再次访问农民专业合作社，与负责人签订采购合同。超市的采购合同内容严谨，主要包括以下几个方面：①合同双方身份的鉴定；②合同目的；③关于农产品订单的说明；④农产品生产与交付；⑤付款方式；⑥声明与保证；⑦争议解决方式；⑧双方签字。

【专栏】

农超对接的操作模式

农超对接已经成为超市生鲜采购环节的重要组成部分。农超对接的经营模式不仅提升了食品安全的保障力度，切实保障了食品质量安全，还减少了流通环节，给消费者带来更多的实惠。在

第一批农超对接试点超市中，沃尔玛、麦德龙、家乐福以及华润万家的农超对接发展最早、模式成熟，在业界具备极高的代表性。

沃尔玛最早推行农超对接项目

沃尔玛农超对接的特点是建立农超对接基地，也采用两种模式，即“超市+龙头企业+农超对接基地”和“超市+合作社+农超对接基地”模式。沃尔玛较多通过农业产业化龙头企业为中介同农民合作，发挥龙头企业自身的农场管理经验技术。为合作对象提供专业的农产品种植养殖技术或资金，建立食品安全监督体系和农超对接基地自身的食品安全体系。

麦德龙从教农民种田开始

麦德龙主要通过麦哲达农业信息咨询公司实现农超对接，从“教农民怎么种田，怎么包装蔬菜”这些最基本的问题入手，探索农副产品生产基地新模式。保证农产品从基地、农场、加工、物流到销售符合消费者最安全的要求，建立鲜活农产品质量可追溯体系。麦德龙农产品基地创立了全新的供应链，由麦德龙提出科学的标准化生产流程，引入农技咨询公司指导企业、农民养殖、种植，委托第三方机构对农产品质量进行检测，通过麦德龙平台销售。为此，麦德龙还在中国投资设立了首家专门从事农技指导、咨询和培训的麦哲达农业信息咨询公司，向合作企业和农民提供生产、加工、包装、物流及市场运作全方位的专业培训与咨询，实现“从农场到餐桌”的全过程产品质量控制及可追溯。

家乐福两套系统应对不同产品

家乐福农超对接的核心是通过农民专业合作社来组织农民的产品，即“超市+农民专业合作社+农民”模式。农超对接依据采购半径的不同，设计了两个采购系统，即全国农超对接采购部门和地区农超对接采购部门。前者主要采购水果和适合于长距离运输的蔬菜，如苹果、梨、橙子、干果、马铃薯和反季节蔬菜等；后者则重点采购城市周边的蔬菜和当地名优水果。家乐福近年来大力推广农超对接项目，已与全国27个省份的超过300家农民专业合作社建立了合作关系。

第四节 农产品网络营销

一、农产品网络营销的概念

农产品网络营销，又称为“鼠标+大白菜”式的营销，是农产品营销的新型模式。它主要利用互联网包括网上农产品市场调查、促销、交易洽谈和付款结算等方式，开展对农产品的营销活动。农产品网络营销产生于20世纪末期，目前已成为东部信息发达地区农产品营销最引人注目的一种模式。

二、农产品网络营销的优点

在传统的农业生产和销售过程中，农户想要获得生产信息，只能依靠周围的人们，这样就导致农户对市场信息的变化把握不准。由于信息不准确，导致生产决策错误，农业生产中出现了“少了喊、多了砍”的现象。通过运用网络来对农产品进行营销，首先可以将市场的变化信息使农户和农业企业及时了解，农户和企业通过分析市场情况，形成正确的生产决策。

(1) 农产品从生产到最终走向市场，其流通力度主要是因为其不易标准化的特点而有所制约，只有将农产品进行标准化生产，才能建立网络市场，这势必引导农产品品牌的提升和核心竞争力的提高。

(2) 网上交易削弱了传统流通体制中的政府行为，交易更加公开、公平、透明，市场中的供求关系根据农产品的成交价格

有了更真实的反应，根据这些信息可以对各级主管部门和广大农户科学安排生产进行指导，并以销定产。

(3) 农产品网络营销在农业上的普及和发展，势必突破农户封闭的生产经营方式和生活空间，带来全方位的信息，不但使农户了解最新农业生产技术和社会发展动态，更使农户掌握了市场规律，这样就可以更快促进农村全面实现小康社会，改善农民的生活。对于农民本身，也由传统农民变成“网农”，成为掌握现代化技术的新型农业生产者。

三、开展农产品网络营销的环境与条件

从广义上对网络营销进行理解，可以将网络营销的外部环境分为网络营销基础平台以及相关的法律环境、政策环境，一定数量的上网企业和上网人，农产品品质分级标准化，必要的互联网信息资源，包装规格化及产品编码化程度等。农户或企业开展农产品营销所应具备的基本条件，就是农产品网络营销的条件。那么，农户和企业需要具备什么样的基本条件才可以开展网络营销呢?

一般来说，开展网络营销，需要有三方面的条件，即农产品特性、财务状况和人力资源。

1. 农产品特性

不是所有的农产品都要在网络上进行销售，如果一种农产品本身有现成的市场，并且有现成的有效的营销方法，而且效益还很好，那么可以不考虑网络销售。如果网络营销不能在短期内带来切实的收益，还是应该量力而行，根据农产品的特性来决定。那些利润水平较高、不容易寻找消费者的农产品更适合网络营销，如一些特色农产品、出口农产品等在网络上进行销售，效益会更好。

2. 财务状况

用于网络营销的支出不是消费，而是一项投资。农户和企业等营销主体应该根据自身的财务状况，制订适合自身的网络营销策略。在对支出进行了统筹规划之后，才可以开展农产品的网络营销。

3. 人力资源

与传统营销进行比较，网络营销有其自身的特点，这就要求网络营销人员既有一定的互联网技术基础，又有营销方面的知识。要根据人才的状况，确定网络营销的应用层次。

四、无站点网络营销

在网络营销中根据有无网站，可以将其分为两类，那就是无站点网络营销和基于网站的网络营销。在农产品营销中，无站点网络营销的应用形式，主要包括免费发布农产品信息、网上拍卖、加入专业经贸信息网和行业信息网、通过互联网调查市场情况、发布网络广告，等等。

1. 通过互联网调查市场情况

在农产品营销过程中，了解农产品的价格、需求等市场信息是非常重要的环节。在传统的方式下，了解市场信息工作量大、时间长，而利用互联网，这个过程可以很方便地完成。最简单的一种做法，就是通过登陆农业信息网站来了解信息。例如，如果想要获得国内和国外的农产品价格信息、农产品的需求信息，可以登陆“中国农业信息网”（www. agti. gov. cn）来进行了解。然后，可以在网上进行搜索，目前国内主要的搜索引擎有：百度（www. baidu. com）、搜狐（www. sohu. com）、新浪（www. sina. com. cn）等；国际主要搜索引擎主要有：yahoo（www. yahoo. com）、google（www. google. com）等。

2. 免费发布农产品信息

农产品生产者如果想要了解农产品的供需情况，可以到互联网上进行搜索，如今有许多网站为农户和企业发布供求信息提供平台，通常情况下可以免费发布需求信息，可以根据产品的特性发布在相关类别。有时这种简单的方式，也会收到意想不到的效果。例如，可以在阿里巴巴全球贸易网（www. alibaba. tom）免费发布信息。除阿里巴巴网站之外，同样可以发布农产品信息的网站还有很多。如在“中国农业信息网”的“供求热线”上，也可以发布相关的供求信息。

3. 加入专业经贸信息网和行业信息网

行业信息网由于汇集了整个行业的资源，为供应商和客户了解行业信息提供了巨大的方便，形成了一个网上虚拟的专业市场，它同样也是一个行业的门户网站。如果农户和企业所在的行业已经建立了这样的专业信息网，假如行业信息网是网络营销的必要手段，即使已经建立了自己的网站，仍有必要加入行业信息网。有时，专业信息网和行业信息网需要交纳一定的费用，但是只要可以带来潜在的收益，投入这些也是值得的。

4. 网上拍卖

网上拍卖是电子商务领域比较成功的一种商业模式，国外一些知名网站如 eBay 与 TOM 等已经取得了很好的经营业绩。在国内也有几家如易趣网（www. eachnet. com）、淘宝网（www. taobao.com）等这样具有一定规模的网上拍卖网站。这种方式比较简单，只要在网站进行注册，然后按照提示操作，很容易就可以发布产品买卖信息。目前，农产品电子拍卖还处于一种探索阶段。农产品网上拍卖，目前还处于尝试阶段。

5. 网络广告

农业企业如果想要推广一种农产品，将农产品的品牌树立起来，可以投入一定的成本，在一些知名的网站投放广告，使该农产品的知名度得到提升。

【案例】

“私人订制”农产品走俏

“今年我要养2头猪，还是和去年的一样，不要喂工业饲料！”春节刚过，杭州市的柏先生就给浙江省丽水遂昌的农户老罗打电话。2013年，柏先生委托老罗帮自己养了头猪，柏先生家里吃的猪肉都是老罗送来的，“吃得放心，味道比养殖场里的好多了，所以，今年我又多养了一头。”

近年来，随着城市居民对食品安全的担忧和对绿色生态农产品需求的增加，直接向农民下订单的农产品C2B消费模式正在成为一种新的流行。

为吃放心肉，认养一头猪

“过去我们总认为，吃鸡蛋不需要认识下蛋的母鸡！可现在，我们吃肉买菜却一定要认识养猪和种菜的人！”杭州市的宋先生从2012年开始委托淳安老家的农户帮自己养猪，从猪苗的选择到猪的饲养等各个环节都有要求：吃的是萝卜、青菜、红薯藤、南瓜，不用任何工业饲料，每天都在野外活动，所产猪肉皮薄骨细、肉质鲜嫩。春节期间他家吃的都是这种猪肉，还送了不少给亲友，反响特别好。

委托养猪是近几年开始流行的，部分具备一定消费能力的城市居民委托农民通过原始的散养猪的方法帮助自己养一头自然生长的猪，在猪长到足够大的时候，从农户家里带回定点屠宰的“绿色”猪肉。

应先生是宋先生的朋友，在尝到宋先生送来的土猪肉后也萌生了认养一头猪的念头：“现在市场上的肉实在吃得不放心，委托养猪户帮自己养一头散养无工业饲料的健康猪，到时候吃放心猪肉的感觉应该很好。”

除了猪肉，还有不少市民专门和近郊的菜农联系，高价订购无公害绿色蔬菜，由菜农每周配送到家里。

非正式委托养殖也存信任隐忧

市民戴先生说："委托养殖这种方法也不能让我完全放心，虽然农民承诺绿色饲养，但是我又不能全程监督，人家究竟喂猪吃什么，我也不知道。"戴先生的担忧也反映了这种非正式的委托关系暗存的信任问题。

与市民不同，农户担心的是这种委托关系可能带来的风险承担问题。农民老彭告诉记者："帮助城里人养猪，确实是一个好的思路，可以使我们的收入更有保障。但也是有风险的，如果猪病了或者死了，损失谁来承担呢？最近几年猪疫情频发，委托我们养猪的人多半都是通过朋友介绍来的，掺杂着各种人情账更难算。"

农产品 C2B 消费模式亟待规范

这种委托饲养的模式其实质是 C2B 的个性化定制模式，即消费者提出需求，生产方进行定制化生产。但是这种委托饲养的模式在缩短产业链的同时，也弱化了猪肉的检测程序，也会带来猪肉质量无法保证的问题。所以，看到这种模式优势的同时，要树立"治未病"的意识，尽早采取措施规避有可能产生的风险，探索出一条科学可行，兼具经济效益和社会效益的长效安全的养殖模式。

第六章 农产品品牌建设

第一节 品牌的概念和作用

一、品牌的组成部分

1. 品牌名称

品牌中可以被读出声音的部分，就是品牌名称。例如，我国著名的品牌名称有“康师傅”“德清源”“汇源”等。

2. 品牌标志

品牌中可以识别但不能读出声的部分，常常为某种符号、图案或其他独特的设计，就是品牌标志。例如，在品牌标志上较为著名的有“雀巢”品牌中“鸟巢”的图案以及“康师傅”牌方便面中的厨师图案等。

3. 商标

在品牌的内容当中，商标也是很重要的一部分，商标之所以重要，是因为商标代表所有者对品牌名称和（或）品牌标志的使用权。对商标进行分类，又可将商标分为注册商标和非注册商标，其中，受到法律保护的是经过注册登记的商标。主要标志就是在商标的上方或其他地方有圆圈 R，这就是“注册商标”的标记，这就标志着该商标在国家商标局已经正式进行注册申请并已经获得商标局审查通过，最终成为了注册商标。小圆圈中的字母 R 是英文 register——注册的开头字母。

二、创建农产品品牌的作用与意义

品牌虽然是一种看不见、摸不着的东西，但是它有时候却要比商品具有更为重要的地位，因为它是一个企业的无形资产，因为有它的存在，所以，在无形之中就为该企业的发展提供了一定的保障。之所以可口可乐公司的总裁伍德拉夫敢说“即使可口可乐公司在全球的所有工厂一夜之间化为灰烬，但凭借‘可口可乐’这个品牌，它将很快复苏，仍将生机勃勃”这样的话，正是因为可口可乐公司拥有一个良好的品牌形象，民众对于这个品牌形象具有很好的印象。由此可见，在企业的生存发展过程当中，良好的品牌形象具有相当重要，有时候甚至是不可比拟的作用。

（一）农产品品牌能够满足消费者的需要

如果一个农产品具有相对良好的品牌形象，那么就必定会为消费者提供高质量、合理价格以及高满意度的保证，继而使消费者对该产品更加信赖。在消费者的眼中，只要该农产品的品牌形象基本保持不变，没有什么负面消息产生，在没有品牌危机的情况下，对该农产品来说消费者就会继续给予支持。但是，如果该农产品的品牌有了一定数量的负面消息，使消费者对其产生了一定程度的怀疑，或者该品牌农产品已经不能满足消费者的需求，那么消费者就会将这个品牌舍弃掉。消费者往往会对某一特定品牌形成一种特定认可，一旦消费者认可该品牌，那么消费者就会成为这一品牌的忠诚客户。这种情况不仅满足了消费者的需求，同时，也使消费者节省了大量的购买时间。因此，只有建立属于自己的农产品品牌，并用品牌征服消费者，才能在营销市场上占有一席之地。

（二）品牌能够帮助产品营销

1. 品牌有利于销售量增长

树立良好的品牌形象，有利于消费者更加认可该品牌，从而提高消费者对品牌的忠诚度。当消费者对于该农产品品牌已经认可并进而产生了一定程度的忠诚度，那么当消费者需要该农产品时，就会不假思索地想到心目中自己比较看好的这个品牌，该产品的销售量也会在无形中增加。而且忠诚的消费者在使用了这个品牌的农产品之后，还会向周围的其他消费者进行介绍，这样导致的结果就是不仅销售量会稳步上升，同时，还达到了口碑宣传的效果。最有力的宣传手段就是口碑宣传，这样的宣传方式不仅是不需要支付任何费用的，同时，也是最有效的，在降低了该农产品的宣传成本的同时，也达到了很好的宣传效果。

2. 品牌有利于农产品管理溢价

众所周知，一个名牌产品的价格往往比非名牌产品的价格高出很多。就拿苹果而言，一个没有品牌的优质苹果，只能以每千克 1.6 元的价格进行出售；但是相同质量的有品牌效应的苹果，则可以每千克达到 3~4 元价格进行出售。针对这种情况大部分人表示无意见，而且还购买并予以支持。这就是品牌的溢价效应，能给企业带来更丰厚的利润。

（三）促进标准化生产管理

生产者在对无品牌的农产品进行生产加工的时候，由于没有统一的标准，所以，生产者基本上是根据自己之前所掌握的经验进行生产或销售，每个人都有自己的见解，所生产出来的农产品质量和规格并不是相同的。如果建立了品牌，就要求生产者必须执行标准化的生产和管理，每个商品的质量都应该严格遵守标准，这样就使从生产到流通再到销售的可控性实现了提高。

（四）带动基地建设，促进经济发展

农产品的品牌不同于工业和服务业的品牌，其往往是一个品

牌带动一个地域，这就要求政府出面组织建设，使生产者也就是农民的利益得到有效保证，农民自愿加入政府组织的项目或品牌，同时，保证该品牌的正常运作。农产品基地的建设促进了农民收入的增加，保证了第一产业的健康发展，促进了地方经济的增长，更保障了国家建设的有序进行。

（五）提高农产品的市场竞争力

加入 WTO 之后，因为种种原因，我国的商品屡屡遭到国外质量标准的限制，最终导致我国农产品在出口中总是呈现出一种逆差的状况。核心竞争力的主要元素，就是构成企业的品牌效应。政府和企业通过品牌建设，强化品牌意识，整合品牌资源和优化资源配置，扩大企业规模，实现农业产业升级。只有将农产品知名品牌打造出来，并形成一定的品牌效应，使企业实力得到强化，农产品形成规模化生产以及标准化生产，使产品质量得到保证，才能提升农产品的市场竞争力，促进了农产品的出口。

三、品牌设计的基本要求

品牌设计是一种艺术和技巧在企业经营活动中的展现，既需要有较高的艺术和文字修养，有丰富的人文社会生活知识，同时，也需要非常熟悉产品的特性。

1. 品牌设计要简明醒目

品牌的重要作用是有助于识别商品，为此，要使人们见到后能留下深刻的印象，起到广告宣传的作用。在设计品牌的时候，就一定要简洁明了使消费者能够一目了然。在语言表达上，要尽量使文字精练，易于拼读、辨认和记忆，并朗朗上口、悦耳动听；画面要色彩匀称，图案清晰，线条流畅，和谐悦目。

2. 品牌设计要构思新颖、特色鲜明

在设计品牌的时候要敢于在构思上创新，推出美观大方并具有独特风格的品牌设计，这种独具匠心的设计，将会为消费者带来美的享受。

3. 品牌设计要能体现企业或产品的风格

一个品牌设计不是凭空创造的，它要与企业或产品的风格相匹配。例如，“花花公子”是一个很著名的品牌，但是品牌跟产品的内容是息息相关的，同样是“花花公子”的品牌，却不适合用在机床等产品上。好的品牌设计对此要求更高，它要能充分显示企业或产品的特色，使消费者能从中认识到企业及产品的形象和特点，产生购买欲望。

4. 品牌设计要与目标市场的文化背景相适应

在对出口商品品牌进行设计的时候，要尤其注意设计的图案要避免使用当地忌讳的图案、符号和色彩，有时候就是一些令顾客产生异议的文字内容也不可以使用。我国企业在语言方面不仅要注意翻译成外文时，是否产生了异议，还要注意会不会因汉语拼音与英文混淆而产生异议。

5. 品牌设计要切忌效仿和过分夸张

在设计品牌的时候要有一定的创新性，这样既可以为消费者带来新的视觉体验，又可以展现出企业的风格。如果效仿他人的品牌风格，就会缺乏新意、毫无特色；过分夸张最终是自欺欺人，都不会有好的效果，最终影响到自己的品牌发展。而且，对商标来说，它是受到法律保护的，不可与别的商标雷同，否则，是侵权行为，会受法律制裁。

第二节　农产品品牌模式

一、农产品品牌

我国农产品同质化严重、品牌效益不突出，主要有以下几个方面的问题。

1. 品牌意识不强，品牌形象不突出

如水稻是吉林的主要粮食作物，每年有 80 万~100 万吨向外输出，但现在在吉林注册的 100 多个品牌，却没有一个全国知名品牌。市场上主要为无品牌的散装大米。即使有品牌，也都是“免淘大米”“清水大米”等毫无特点的名字。

2. 品牌设计雷同

许多地方的农产品有抢注品牌等现象，产品设计特点不明显，往往在品质、加工、名称、外包装设计上雷同。导致宣传乏力、恶性竞争，没有形成合力和品牌效应，发展难度很大。

3. 产品附加值低，市场竞争力弱

产品品牌意识薄弱导致科技含量较低，很多初级品只经过简单加工就流入市场、参与竞争，产品价值低，利润微薄。

二、农产品区域品牌

作为农产品品牌的一种重要类型，农产品区域品牌指的是特定区域内相关机构、企业、农户等所共有的，在生产地域范围、品种品质管理、品牌使用许可、品牌行销与传播等方面具有共同诉求与行动，使区域产品与区域形象共同发展的农产品品牌。

农产品区域品牌的特殊性：首先，一般须建立在区域内独特自然资源或产业资源的基础上，即借助区域内的农产品资源优势；其次，品牌权益不属于某个企业或集团、个人，而为区域内相关机构、企业、个人等共同所有；再次，特定农产品区域公用品牌是特定区域代表，因此，经常被称为一个区域的“金名片”，对其区域的形象、美誉度、旅游等都起到积极的作用。

农业农村部大力支持区域品牌的发展，在农业农村部品牌农业建设的窗口——中国农业信息网的品牌农业频道中，开辟区域品牌专栏。同时，组织品牌专家、农经专家和信息化专家共同研发了符合中国国情、具有中国特色的农产品区域公用品牌信息化宣传系统，是我国第一次全国性专业的、宣传区域公用品牌的信息化工程。

三、农产品品牌模式

（一）农产品品牌模式类型

1. 农产品品牌的产地品牌

农产品品牌的产地品牌指拥有独特的自然资源、悠久的种养殖方式和加工工艺历史的农产品，经过区域地方政府、行业组织或者农产品龙头企业等营销主体的运作，形成明显具有区域特征的农产品品牌。一般的模式是“产地+产品类别”，如“西湖龙井”“库尔勒香梨”“赣南脐橙”等，这类品牌的价值在于生产的区域地理环境，至于是这个区域哪家企业生产的，并不重要。一般这种有特色的农产品品牌都已注册地理标志，受《中华人民共和国商标法》（以下简称《商标法》）的保护，是一种珍贵的无形资产。

2. 农产品品牌的品种品牌

农产品品牌的品种品牌是指一个大类农产品里的有特色的品种，既可以成为一个品牌，也可以注册商标。如“水东鸡心芥菜”就是一个农产品品牌的品种品牌，而有的品种到现在都没有注册成品牌，如红富士苹果。农产品品牌的品种品牌一般的格式是：品种的特色+品类名字。如“彩椒”就是彩色的辣椒，这是外观的特色；“糖心苹果”就是很甜的苹果，这是口感的特色；“云南雪桃”是文化特色等，只要产品有特色，都可以注册成商标，也便于传播。

3. 农产品品牌的企业品牌

农产品品牌的企业品牌指以农产品企业的名字注册商标，作为农产品品牌来打造，如“中粮”和“首农”就是农产品企业品牌，打造的是农产品企业整体的品牌形象。农产品品牌的企业

品牌可以用在一个产品上，也可以用在多个产品上，如“雀巢”这个企业品牌，有“雀巢”咖啡、“雀巢”奶粉、“雀巢”水等。对于农产品流通领域来说，渠道品牌也属于企业品牌这一类，如“天天有机”专卖店，里面卖的都是有机绿色食品，店里可以有几百个甚至上千个的产品品牌。

4. 农产品品牌的产品品牌

农产品品牌的产品品牌指对单一1个或者1种产品起1个名字，注册1个商标，打造1个品牌。如大连韩伟集团的“咯咯哒”鸡蛋。这种模式在日常生活中比较常见。

（二）农产品品牌模式间的关系及运用

1. 农产品品牌的产地品牌是农产品企业最大的无形资产

对于立志进行区域特色农产品产业化的企业，产地品牌必不可少。首先，农产品的本质是“农”，其品质和区域的地理自然环境紧密相关。其次，在消费者心里，好的区域自然环境就是好农产品的产地，这样就很容易告诉消费者，消费者也会容易相信。再次，一个产地品牌具有整合区域生产资源的能力，因为消费者只认这个产地的牌子，农产品企业也就更容易做大做强。

所以，对于农产品企业来说，一旦有机会，一定要想方设法注册产品地理标志。打造产地品牌的方式可以通过成立协会，也可以申请政府授权。

目前中国的地理标志产品大概有1 000多种，而有条件和有资格申请的特色农产品就有16 000余件，只占不到10%，这就意味着，至少还有90%多的优质产地品牌资源可以去申请注册。

产地品牌在大部分农产品、大部分地区都可以打造。萝卜白菜不管种在哪里，都可以申请地理标志，可以有北京市的“大兴萝卜”，也可以有广西壮族自治区的“横县萝卜”，可以有青海省的“西宁萝卜”，也可以有西藏自治区的“林芝萝卜”。当然，在实际打造过程中，还要看这个品种是否能在这个区域作出特色。

2. 农产品品牌的品种品牌对农产品企业有重要意义

很多种养殖企业为了显示自己的品种好，一般就说自己是“××1号”，好像占了第一就是最好的，问题是甲企业说自己是“1号”，乙企业也说自己是“1号”，只不过每家的“1号”不同而已。同时，“1号”代表什么，如果没什么内涵，消费者不会有特别的感受。

“品种特色+品类名字”这样的品种命名规则才是农产品企业打造专有品种及品种品牌的利器。很多企业都把企业名字作为品牌来打造（企业品牌），或者给产品另外取个好听的品牌名字(产品品牌)，把握住农产品的品质来源于品种这一本质，并占领了品种品牌资源，企业就相当于告诉消费者，本企业的产品就是最好、最有特色的。

3. 产地品牌统领，品种品牌特色，企业品牌和产品品牌备用

这是农产品企业做好品牌规划的不二法门。能打造产地品牌注册地理标志的，一定先注册地理标志。地理标志大家都用的时候，再考虑是在政府或者行业地理标志下，注册品种品牌，用品种品牌打造区域产品品牌里的特色品牌，之后再考虑打造企业品牌和产品品牌。

第三节 农产品品牌的建设策略

一、建立农产品品质的差异性

名牌是指社会公众通过对产品的品质和价值认知而确定的著名品牌。名牌对企业来说具有获利效应、促销效应、竞争效应、乘数效应和扩张效应。要创立农产品品牌，并使之形成名牌，需要建立农产品品质的差异：产品品质的差异性是建立品牌的基

础，如果是同质的农产品，消费者就没有必要对农产品进行识别、挑选。随着科学技术的发展，只有在农产品品质上建立差异性，才能建立起真正的农产品品牌。

1. 品种优化

不同的农产品品种、品质有很大差异，主要表现在色泽、风味、香气、外观和口感上，这些直接影响消费者的需求偏好。不同的农产品品种决定了不同的有机物含量和比例，如蛋白质含量及其比例、氨基酸含量及其比例、糖类含量及其比例、有机酸含量及其比例，其他风味物质和营养物质的含量及其比例等。这些指标一般由专家采用感观鉴定的方法来检测，当优质品种推出后，得到广大消费者的认知，消费者就会尝试购买；当得到认可，就会重复购买；多次重复，就会形成对品牌的忠诚。

在农产品创品牌的实际活动中，农产品品种质量的差异主要根据人们的需求和农产品满足消费者的程度，即从实用性、营养性、食用性、安全性和经济性等方面来评判。如水稻，消费者关心其口感、营养和食用安全性，水稻品种之间的品质差异越大，就越容易促使某种水稻以品牌的形式进入市场，得到消费者认可。

2. 生产区域优化

许多农产品种类及其品种具有生产的最佳区域。不同区域的地理环境、土质、温湿度、日照等自然条件的差异，直接影响农产品的品质。许多农产品即使是同一品种，在不同的区域其品质也相差很大。如红富士苹果，陕西省、山西省的苹果品质优于辽宁省苹果，辽宁省苹果优于山东省苹果，山东省苹果优于黄河古道的苹果。从种类来说，东北小麦的品质优于江南小麦，新疆维吾尔自治区西瓜优于沿海西瓜。中国地域辽阔，横跨亚热带、温带和寒带，海拔高度差异也很大，各地区已初步形成了当地的名、特、优农产品，如浙江省龙井、江苏省碧螺春、安徽省砀山梨、山东省鸭梨、四川省脐橙、新疆维吾尔自治区哈密瓜等。因此，应因地制宜地发展当地农产品，大力开发当地名、优、特产品，从而创立当地的名牌农产品。

3. 生产方式优化

不同的农产品生产方式直接影响农产品品质，如采用有机农业方式生产的农产品品质较高，而用受工业污染的水源灌溉将严重影响农产品品质，也严重影响卫生质量。生产中采用的各种不同的农业生产技术措施也直接影响产品质量，如农药选用的种类、施用量和方式，直接决定农药残留情况；还有如播种和收获时间、灌溉、修剪、嫁接、生物激素等的应用，也会造成农产品品质的差异。

4. 营销方式优化

农产品要成为品牌商品进入市场，必须经过粗加工、精加工、包装、运输等一系列商品化处理，并对农产品的品质予以检验。同时，要建立农产品的生产、加工质量标准体系，开拓营销网络，实行规模化经营。另外，市场营销方式也是农产品品牌形成的重要方面，包括从识别目标市场的需求到让消费者感到满意的所有活动，如市场调研、市场细分、市场定位、市场促销、市场服务和品牌保护等。提高农产品营销能力，有助于扩大农产品品牌的影响，有助于提高农产品在市场上的地位和份额。所以，营销方式是农产品品牌发展的基础，而品牌的发展又进一步提高了农产品的竞争力。

二、积极进行农产品商标的注册和保护

没有品牌，特色农产品就没有市场竞争力；没有品牌，特色农产品就不能卖出好价钱。商标是农产品的一个无形资产，对提升农产品品牌效益和附加值有着不可估量的作用。商标可以促进农业产业结构调整、提高农产品的市场知名度和占有率，加快农

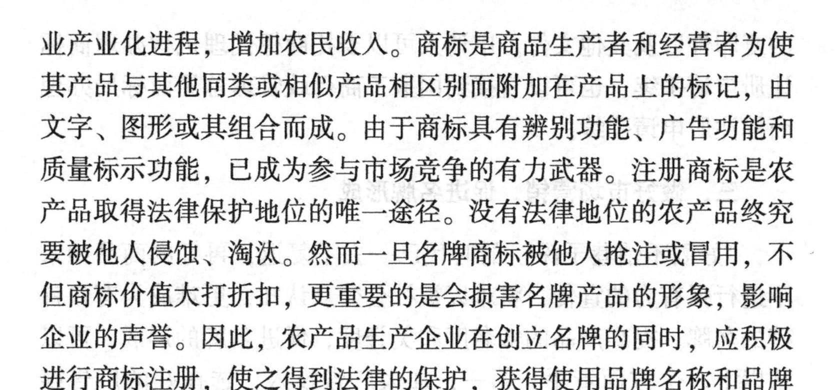

业产业化进程，增加农民收入。商标是商品生产者和经营者为使其产品与其他同类或相似产品相区别而附加在产品上的标记，由文字、图形或其组合而成。由于商标具有辨别功能、广告功能和质量标示功能，已成为参与市场竞争的有力武器。注册商标是农产品取得法律保护地位的唯一途径。没有法律地位的农产品终究要被他人侵蚀、淘汰。然而一旦名牌商标被他人抢注或冒用，不但商标价值大打折扣，更重要的是会损害名牌产品的形象，影响企业的声誉。因此，农产品生产企业在创立名牌的同时，应积极进行商标注册，使之得到法律的保护，获得使用品牌名称和品牌标记的专用权。

【案例】

因祸得福的“丁当鸡”

2003年，广西壮族自治区隆安县丁当镇作为中国首例对外公开的高致病性禽流感疫区备受世人关注。疫情过后，丁当镇禽类系列产品发展遭遇销售瓶颈。如何让这个产业重获新生？隆安县巧用丁当镇因禽流感疫情而带来的知名度，注册了“丁当鸡”商标，并在丁当镇及周边地区培育、扶持专业养殖户，带动群众发展家禽养殖。目前，“丁当鸡”不仅销往南宁、桂林、柳州等地，连广州、湛江、茂名等地客商也慕名前来收购。以前，最远只能卖到南宁市区的“丁当鸡”，只因“丁当”的商标品牌，因祸得福，得到了外省市场的认可。“丁当鸡”正以一个地方名优特色产品品牌，带动地方经济发展，帮助当地农民致富。

《商标法》规定，自然人、法人或者其他组织可以申请商标注册。因此，农村承包经营户、个体工商户均可以以自己的名义申请商标注册。申请注册的商标应当具有显著性，不得违反《商标法》的规定，并不得与他人在先的权利相冲突。办理商标注册申请需要提交《商标注册申请书》、证明申请人身份的有效证件的复印件以及其他文件。申请人可以委托商标代理机构办理商标注册申请手续，也可以直接到国家工商行政管理总局商标局办理商标注册申请手续。

三、做好市场营销，促进名牌形成

"好酒不怕巷子深"的时代已一去不复返，再好的商品如果不进行强有力的宣传，将难以被社会公众认知，更难成为有口皆碑的名牌。提高产品的知名度和美誉度，促进名牌的形成，可以从以下3个方面着手：第一，加大广告投入，选择好的广告媒体。广告是企业向消费者传递产品信息的最主要的方式。广告需要支付费用，一般来说投入的广告费用越多，广告效果越好，要使优质农产品广为人知，加大广告宣传的投入是必要的，可利用报纸、杂志、广播、电视和户外路牌等来传播信息。第二，改善公共关系，塑造品牌形象。通过有关新闻单位或社会团体，无偿地向社会公众宣传、提供信息，从而间接地促销产品，这就是公共关系促销。公共关系促销较易获得社会及消费者的信任和认同，有利于提高产品的美誉度、扩大知名度。第三，注重产品包装，抬升产品身价。进口的泰国名牌大米，如金象、金兔、泰香、金帝舫等，大多包装精致。而我国许多农产品却没有包装，有些即使有包装也较粗糙，不利于名牌的形成。包装能够避免运输、储存过程中对产品的各种损害，保护产品质量。精美的包装还是一个优秀的"无声推销员"，能引起消费者的注意，在一定程度上激起购买欲望，同时还能够在消费者心目中树立起良好的形象，抬升产品身价。

四、依靠科技，打造品牌

科技是新时期农业和农村经济发展的重要支撑，也是农产品优质、高效的根本保证。因此，创建农产品品牌，需要在产前、

产中、产后各环节全方位进行科技攻关，不断提高产品的科技含量。一是围绕市场需求，在农作物、畜禽、水产的优良、高效新品种选育上重点突破，促进品种更新换代，以满足消费者不断求新的需求；二是围绕新品种选育，做好与之相配套的良种良法的研究开发与推广工作，要着力解决降低动植物产品药残问题，保证食品卫生安全，以消除进入国际市场的障碍；三是围绕产后的保鲜、储运、包装、营销等环节，开展相应的技术攻关，加大对保鲜技术的研究，根据消费者的购买力和价值取向设计开发不同档次的产品，逐步形成一个品牌、多个系列，应用现代营销手段扩大品牌知名度，培育消费群体，提高市场占有率；四是注重技术引进，积极引进国外新品种、新技术、新工艺，并通过技术嫁接，推动国内品牌的创建。

创建品牌、培育名牌已成为提升农产品市场形象、增加农产品市场竞争能力的主要手段之一。

五、农产品品牌运营

1. 品质的独特性

农产品多以入口的食品形式出现，而农产品的同质性也比较突出，所以，农产品的品牌运作首先要在农产品的“特”字上做文章，通过差异化凸显与众不同。天然的识别外表结合农产品自身的食用价值必然会吸引消费者的眼球，为农产品走入市场开启绿灯，成为助推农产品品牌运营的“加速器”。品质独特主要指农产品因地理生长条件不同所形成的品质差异，表现为农产品的色泽、风味、香气、外观和口感上的差异。这些直接影响消费者的需求偏好。

2. 质量的稳定性

质量是农产品的生命线，是农产品创品牌的根本。在实施农产品品牌战略的过程中，按标准组织生产管理，是提高农产品质量，保证农产品安全有效的措施和手段，是打造品牌的基石。由于很多农产品企业采用的是“公司+农户”的运营模式，虽然扩大了农产品的生产规模，但管理不力致使农产品的质量并不稳定，造成数量与质量之间的矛盾。因此，农产品企业要坚持做到质量有标准，生产有规程，产品有标志，市场有监测。把质量管理贯穿始终，严格按照生产操作规程，认真做好农业环境质量监测、产品质量监测，规范产前、产中、产后的配套生产技术标准，制订严格的产品质量标准，稳定农产品的内在品质。

3. 消费的区域性

一方水土养一方人。地理位置、气候、土质和水质的差异性造成农产品本身在品质、口感等方面的差异，加上传统社会物流运输条件有限，农产品的销售和消费具有明显的区域性。同时，传统社会农产品品牌的传播方法多以口碑相传，其传播范围自然很有限。作为食用物品，如果没有亲身体验，很难产生消费欲望。消费者的消费体验是产品品牌传播的依据，也是消费习惯养成的基础。所以，农产品品牌的传播除具有口碑性、区域性之外，还具有明显的由近及远的传播特点。现代社会，虽然大众传媒和互联网可以使品牌传播范围更广、速度更快，但要改变消费者的习惯却非朝夕之功。

4. 包装的层次性

包装在众多因素的作用下已成为一项重要的产品营销工具。越来越激烈的竞争以及在零售店货架上的相互搡挤，都意味着包装必须执行多项销售任务。农产品营销更是如此，好的包装能够引起消费者对企业或其品牌的立即确认，许多企业已认识到包装的重要作用。

但由于农产品企业就业人员整体素质有限，人才比较匮乏，致使很多农产品的包装设计和管理还处于较低的水平，很

多农产品的包装还不能成为品牌增值的有效手段，甚至经常出现“一流品质三流包装”的尴尬局面，直接影响了品牌的推广。因此，农产品企业一方面要吸纳人才；另一方面要善于同高水准的专业包装设计机构合作，促进企业包装管理水平的整体提升。

5. 技术的创新性

质量是品牌的生命，是竞争力的源泉。只有依靠科技进步提高农产品加工中的科技含量和附加值，才能从总体上改变农产品竞争力低下的状况。实施农产品品牌战略，必须走“科技兴农”道路。加强农产品产后技术的研究与开发，加强农产品产后相关技术，特别是农产品的采收、包装、储藏、运输和加工技术的研究与开发，通过农产品的精加工，提高农产品的科技含量和附加值，从而增加农业生产的品牌收益，提高农业综合效益和市场竞争力，做精品农业。

6. 政策的敏感性

国家相关农业政策的制定具有较强的方向性和专业性，为了促进农业企业的科技创新，促进农业产业优化，国家对很多农业企业尤其是地方龙头企业实施项目资金扶持政策。项目申报工作的目标资金来源主要包括国家、省、市、区等各级农业、科技对口专项资金。因此，农业企业要善于立项，做好与之相匹配的基础性工作，通过承担项目促进企业科研的创新，同时，以科研成果的转化推广提升企业的品牌实力。因此，农业企业对国家农业政策要有敏感性，尽量要把国家政策用足，这对提升企业品牌内涵和外延具有非常重要的意义。

7. 认证的必要性

无公害食品是保障国民食品安全的基准线，绿色食品是有中国特色的安全、环保食品，有机食品是国际上公认的安全、环保、健康食品。随着消费者健康消费观念的增强，三者都以鲜明的形象和品质越来越受到消费者欢迎。目前我国已经形成无公害农产品、绿色食品、有机农产品 3 个层次相互拉动、相互支持并在一定条件下相互转化的条件。开展无公害农产品、绿色食品和有机农产品认证，是农业品牌化工作的重要内容。经过认证的农产品可以让消费者感到物有所值，可以有效固定消费群，增强优质绿色产品的市场竞争力。因此，积极推进认证产品市场准入制度是提升农产品品牌形象，完善农产品生产、加工、标志、销售和管理体系，提高农产品品牌竞争力的关键。

8. 渠道的借力性

农业投资回报率低、投资回报周期长、农产品自身附加值低，致使大量资本不愿或很少投入农业运营。加上很多农业企业规模普遍不大，主要靠滚动发展，销售造血功能有限，流动资金不足，这种情况下，要想做好农产品的品牌运营工作，借势建网扩大销售就显得尤为重要。在这一过程中，企业要善于借助中间商的力量和资源向终端渗透，通过与中间商的合作熟知农产品终端推广运营的每一环节。

9. 流通的实效性

农产品不同于一般工业品，其贮存、保鲜问题一直是很多农企在流通环节必须认真考虑的问题。许多农产品销售的季节性很强，出产季节卖不完，往往贱卖甚至烂掉，而过了这一季又不出产了。受此限制，农产品市场流通的均衡性较差。这一问题解决不好，一方面将直接影响农产品的上市质量；另一方面将大大增加流通损耗和管理成本，给企业的品牌发展带来较大风险。同时，国内消费者对新鲜农产品的需求日益增加。如鸡蛋的最佳消费时间在发达国家一般为 7 天左右。要有效解决这一问题，企业必须在订单管理、农产品储藏、保鲜、运输等各个环节上进行技术和流程创新。

10. 传播的整合性

增加对品牌产品的宣传投入、塑造品牌形象、打响知名品牌是农产品品牌运营的关键一环。因此，农业企业要善于利用媒体广告以反博览会、招商会、网络营销、专题报道、展销会和公共关系等多种促销手段，进行品牌的整合传播，提高公众对品牌形象的认知度和美誉度，做强做大农业品牌。同时，要使传统农业的单一生产功能向综合功能发展，展示生态、旅游农业之路，实现经济效益与社会效益的统一。要重视现代物流新业态，广泛运用现代配送体系、电子商务等方式，开展网上展示和网上洽谈，增强信息沟通，搞好产需对接，以品牌的有效运作不断提升品牌价值，扩大知名度。

打造农产品品牌的过程就是实现农产品增值的过程，是促进传统农业向现代农业转变的重要手段，是优化农业结构的有效途径，是提高农产品质量安全水平和竞争力的迫切要求和实现农业增效农民增收的重要举措。农产品的品牌化运营必然将中国农业推上一个快速、高效、持续发展的舞台。

【案例】

北京“门头沟京西白蜜”

门头沟京西白蜜产于北京市门头沟区。“门头沟京西白蜜”地理标志在2009年年底注册成功后，成为北京市第七个原产地证明商标。京西白蜜的收购价格大大提升，蜂农的人均年收入由注册前的几千元提高到注册后的上万元。2012年，全区蜂农生产的8.5吨京西白蜜增收近60万元。门头沟京西白蜜填补了北京高档蜂蜜的市场空缺。

福建省“福鼎槟榔芋”

福鼎槟榔芋产于福建省福鼎市，福鼎市于2003年成功注册“福鼎槟榔芋”地理标志商标。

“福鼎槟榔芋”地理标志注册后，福鼎槟榔芋种植快速发展：槟榔芋的种植面积由1.05万亩（15亩=1公顷。下同）。扩大到3万亩，产量由0.9万吨升至3万吨，单价由1.8元/千克升至4.0元/千克，产值由0.18亿元升至1.56亿元，形成7家槟榔芋加工企业，使福鼎槟榔芋整个产业年产值达3.06亿元，从业人员达1.5万人。

第七章　商务谈判

第一节　商务谈判的概念与特点

一、商务谈判的概念

商务谈判是指不同的经济实体各方为了自身的经济利益和满足对方的需要，通过沟通、协商、妥协、合作、策略等各种方式，最后达成各方都能接受的协议的活动过程。

二、商务谈判的特点

由于商务活动的特殊性和复杂性，商务谈判活动表现出以下特点。

1. 谈判对象的广泛性和不确定性

商务活动是跨地区跨国界的。就双方而言，无论是买者还是卖者，其谈判的对象可能遍及全国各地甚至全世界。同时，每一笔交易都是同具体的交易对象成交的，因此，在竞争存在的情况下就会充满不确定性。

2. 谈判环境的多样性和复杂性

从某种意义上讲，只要具备了谈判双方及某个物理空间，即可进行谈判。因此谈判环境本身会具有多样性和复杂性的特征，并非只有所谓的标准配置。但谈判环境的确会对双方的心理和发挥产生某种影响，可能是正面的，也可能是负面的。

3. 谈判条件的原则性与可伸缩性

商务谈判的目的在于各方面都要实现自己的目标和利益，但若达成这一结果，双方博弈的同时，必然要达成某种妥协，这种妥协就具体体现在交易条件有一定的伸缩性，但不能以丧失自身的基本利益为代价，这即是谈判人员必须坚守的原则性。

4. 内外各方关系的平衡性

谈判结果最终达成的满意程度其实取决于两方面的认可程度。其一，谈判对手的接受；其二，自己阵营的评价。因此，这种满意还可以理解为来自谈判双方在构建彼此关系和内部关系时，达成的平衡性程度。

5. 合同条款的严密性与准确性

商务谈判的结果是由双方协商一致的协议或合同来体现的。合同条款实质上反映了各方的权利和义务，合同条款的严密性与准确性是保障谈判获得各种利益的重要前提。切忌在拟订合同条款时，掉以轻心，不注意合同条款的完整、严密、准确、合理、合法，那么不仅会把到手的利益丧失殆尽，而且，还要为此付出惨重的代价。

第二节　商务谈判的原则和过程

一、商务谈判的原则

1. 依法办事

依法办事原则是指在商务谈判及签订合同的过程中，要遵守国家的法律、法规，符合国家政策的要求，涉外谈判则要求既符合国际法则，又尊重双方国家的有关法律法规。商务谈判的合法原则具体体现在3个方面。

一是谈判主体合法，即参与谈判的企业、公司、机构或谈判

人员具有合法资格。

二是谈判议题或标的合法，即谈判的内容、交易项目具有合法性。与法律、政策有抵触的，即使出于参与谈判各方自愿并且意见一致，也是不允许的。

三是谈判手段合法，即应通过合理的手段达到谈判目的，而不能采取行贿受贿、暴力威胁等不正当的方式。

2. 平等自愿

商务谈判是双方为了满足各自的需要而进行的洽谈和协商，目的在于达成协议，满足各自所需。参与商务谈判的各方无论其经济实力强弱与否，他们对合作交易项目都具有一票“否决权”。从这一角度来看，交易双方所拥有的权利是同等性质的。交易中的任何一方如果不愿意合作，那么交易就无法达成。这种统治的否决权在客观上赋予了谈判各方平等的地位，谈判当事人必须充分认识并尊重这种地位，否则，商务谈判很难取得一致。从另一个角度来讲，谈判双方都有同样的权利，应受到同等的尊重。所以，在商务谈判中，参与谈判的各方应以平等的姿态出现，无论其谈判实力多么强劲，都不应该歧视或轻视对手。同时，应尊重对方的意愿，在平等自愿的环境中进行商务谈判，才会使得谈判最终达到预期效果。

3. 友好协商

在商务谈判中，双方必然会就协议条款发生这样或那样的争议。不管争议的内容和分歧程度如何，双方都应以友好协商的原则来谋求解决。切忌使用，也不能接受要挟、欺骗和其他强硬手段。如遇到重大分歧几经协商仍无望获得一致意见，则宁可中止谈判，另择对象，也不能违反友好协商的原则。谈判当事人应将眼光放得长远一些，寻求彼此谅解。作出中止谈判的决定一定要慎重，要全面分析谈判对手的实际情况，是缺乏诚意，还是确实不能满足我方的最低要求条件，因而不得不放弃谈判等，只要尚存一线希望就要本着友好协商的精神，尽最大努力达成协议。所以，谈判不可轻易进行，但也切忌草率中止。

4. 互利共赢

所谓互利共赢原则，是指在商务谈判中，要使参与谈判的各方都能获得一定的经济利益，并且要使其获得的经济利益大于其支出成本。在商务谈判中，任何一方在考虑自身利益获得的同时，也要考虑对方利益的满足，而不能独自占有过多的经济利益。要懂得商务谈判需要学会妥协，通过妥协和让步来换取己方的利益。

互利共赢的谈判是技巧问题、策略问题，其实更是观念问题。在谈判过程中，可以通过扩大选择范围，寻求多种方案，提出创造性建议，拉开谈判目标差异的方法进行互利共赢的商务谈判。

5. 诚实信用

商务谈判中，谈判双方保持诚信非常重要。诚信在经济范畴内是一种稀缺资源，诚信中的诚，就是真诚、诚实，不虚假；信就是恪守承诺、讲信用。信用最基本的意思，是指人能够履行与别人约定的事情而取得信任。诚信，简单地讲就是守信誉、践承诺、无欺诈。在商务谈判中坚持诚信原则，应体现在以下3个方面。

一是以诚信为本。诚信是职业道德，也是谈判双方交往的感情基础。讲求诚信能给人以安全感，使人愿意与其洽谈生意。诚信还有利于消除疑虑，促进成交，进而建立较长期的商务关系。

二是信守承诺。如果谈判人员在谈判中不讲信用，出尔反尔，言而无信，甚至有欺诈行为，那么很难与对方保持长期合作。

三是掌握技巧。谈判是一种竞争，要竞争就离不开竞争的手段，为此，需要运用各种谈判策略、技巧。讲求诚信，不会阻碍

谈判人员运用业务知识技巧进行谈判，以谋求良好的谈判效果。

总之，谈判的伦理就是，既不提倡通过不诚实或欺骗行为来达到自己的目的，也不反对运用有效的策略和方法。

6. 求同存异

寻求共同利益是谈判成功的基础点。但在实践中，双方虽然都意识到谈判的成功将会实现共同利益，谈判破裂会带来共同损失，但在行动上却会为各自的利益讨价还价，互不相让。最优化方式应该是提出建设性意见，这种方式可以有效地帮助谈判双方将创造从决策中分离出来，寻求共同利益，搁置分歧，尽量让对方的决定变得容易。在谈判中，为了寻求共同利益，还可以采用拉开谈判目标差异的方法，即把目标与其他利益挂钩，从对方考虑的难题出发，寻求达到自己的目的，以缓和双方的不同利益，即“合作的利己主义”。

7. 客观公正

所谓客观公正是指独立于谈判各方主观意志之外的合乎情理和切实可用的标准，这种客观标准既可以是市场惯例、市场价格，也可能是行业标准、科学鉴定、同等待遇或过去的案例等。由于谈判时提出的标准、条件比较客观、公正，所以，调和双方的利益也变得具有可行性。首先，提出客观标准，双方都可提出客观标准进行衡量；其次，经过讨论客观标准后，就要用客观标准说服对方，公正不移地按照客观标准进行衡量。总之，由于协议的达成依据是通用惯例或公正的标准，双方都会感到自己的利益没有受到损害，因而会积极、有效地履行合同。

8. 高效益性

商务谈判要取得高效益，就不能搞马拉松式的谈判。一方面，在谈判中要有时间观念，任何谈判都不可能无休止地进行，时间成为影响谈判成功的重要条件。时间会有利于任何一方，关键是看人们如何利用时间。在谈判中，人们最容易作出让步的时间是接近截止时，当谈判接近截止期时，会使谈判者从心理上产生压力，因而不得不作出让步，因而谈判者应在此时注意把握时间，谨慎考虑。另一方面，谈判是一种投资，因为在谈判中需要花费时间、精力和费用。这样，谈判的投资与取得谈判经济效益就存在一定的比例关系。以最短时间、最少精力和资金投入达到预期的谈判目标，就是高效的谈判。

二、商务谈判的过程

一般来说，商务谈判的过程可以划分为准备阶段、开局阶段、摸底阶段、磋商阶段、成交阶段和协议后阶段等几个基本阶段。

1. 谈判的准备阶段

谈判准备阶段是指谈判正式开始以前的阶段，其主要任务是进行环境调研，搜集相关情报、选择谈判对象、制定谈判方案与计划、组织谈判人员、建立与对方的关系等。准备阶段是商务谈判最重要的阶段之一，良好的谈判准备有助于增强谈判的实力，建立良好的关系，影响对方的期望，为谈判的进行和成功创造良好的条件。

2. 谈判的开局阶段

开局阶段是指谈判开始以后到实质性谈判开始之前的阶段，是谈判的前奏和铺垫。虽然这一阶段不长，但它在整个谈判过程中起着非常关键的作用，为谈判奠定了一个内在的氛围和格局，影响和制约以后谈判的进行。因为这是谈判双方首次正式亮相和谈判实力的首次较量，直接关系到谈判的主动权。而开局阶段的主要任务是建立良好的第一印象、创造合适的谈判气氛、谋求有利的谈判地位等。

3. 谈判的摸底阶段

摸底阶段是指实质性谈判开始后到报价之前的阶段。在这一

阶段，谈判双方通常会交流各自谈判的意图和想法，试探对方的需求和虚实，协商谈判的具体方式，进行谈判情况的审核与倡议，并首次对双方无争议的问题达成一致，同时，评估报价和讨价还价的形势，并为其做好准备。摸底阶段虽然不能直接决定谈判的结果，但却关系到双方对最关键问题（价格）谈判的成效；同时，在此过程中，双方通过互相摸底，也在不断调整自己的谈判期望与策略。

4. 谈判的磋商阶段

磋商阶段是指一方报价以后至成交之前的阶段，是整个谈判的核心阶段，也是谈判中最艰难的，是谈判策略与技巧运用的集中体现，直接决定着谈判的结果。它包括了报价、讨价、还价、要求、抗争、异议处理、压力与反压力、僵局处理、让步等诸多活动和任务。磋商阶段与摸底阶段往往不是截然分开的，而是相互交织在一起，即双方如果在价格问题上暂时谈不拢，又会回到其他问题继续洽谈，再次进行摸底，直至最后攻克价格这一堡垒。

5. 谈判的成交阶段

成交阶段是指双方在主要交易条件基本达成一致后，到协议签订完毕的阶段。成交阶段的开始，并不代表谈判双方的所有问题都已解决，而是指提出成交的时机已经成熟。实际上，这一阶段双方往往需要对价格及主要交易条件进行最后的谈判和确认，但此时双方的利益分歧已经不大，可以提出成交。成交阶段的主要任务是对前期谈判进行总结回顾，进行最后的报价和让步，促使成交，并拟定合同条款及对合同进行审核与签订等。

6. 谈判的协议后阶段

合同的签订代表谈判告一段落，但并不意味着谈判活动的完结，谈判真正的目的不是签订合同，而是履行合同。因此，协议签订后的阶段也是谈判过程重要的组成部分。该阶段的主要任务是对谈判进行总结和资料管理，以确保合同的履行与维护双方的关系。

第三节 商务谈判的准备

商务谈判的准备工作主要包括搜集谈判信息、确立谈判目标、了解谈判对象、判断谈判形势、组建谈判团队及安排谈判实地。

一、搜集谈判信息

商务谈判信息是指反映与商务谈判相联系的各种情况及其特征的有关资料。主要包括如下内容。

1. 关于己方信息的收集

在商务谈判中，要对己方的产品和经营情况有详细而深入地了解，其目的在于正确评估自身实力，根据形势来确立自己在谈判中的地位，从而制定相应的谈判策略。具体来说，包括产品的规格、性能、用途、质量、种类、销售情况、供需情况、市场竞争情况与企业的经营手段、效益和策略等方面内容。

2. 关于对方信息的收集

对谈判对手的信息收集是谈判信息的主要组成部分，具体包括如下。

(1) 谈判对手的人员组成情况，即对方谈判人员的人数、主要负责人及他们之间的相互关系等。

(2) 谈判对手的个人情况，包括年龄、学识、能力、爱好、家庭情况、个人品质、人格类型和理想信念等。

(3) 谈判对手对于此次谈判的重视程度、合作欲望、目标、底线和最后期限等。

(4) 谈判对手的产品和企业经营情况和资信情况等。

(5) 谈判对手对于己方的了解程度和信任程度及评价等。

3. 关于市场信息的收集

市场信息是反映市场经济活动特征及其发展变化的各种消息、资料、数据和情报的统称。市场信息主要包括以下几个方面。

(1) 国内外市场分布的信息。主要是指市场的分布情况、地理位置、运输条件、政治经济条件、市场潜力和容量、某一市场与其他市场的经济联系等。

(2) 市场需求方面的信息。如产品的需求量、潜在需求量、本企业产品的市场覆盖率和市场占有率及市场竞争形势对本企业销售量的影响等。

(3) 产品销售方面的信息。如果是卖方，则要调研本单位产品及其他企业同类产品的销售情况。如果是买方，则要调研所购产品的销售情况，包括该类产品过去几年的销量、销售总值及价格变动，该类产品的长远发展趋势、拥有该类产品的家庭所占比例，消费者对该类产品的需求状况，购买该类产品的决定者、购买频率、季节性因素、消费者对这一企业新老产品的评价及要求。

(4) 产品竞争方面的信息。这类信息主要包括生产或购进同类产品的竞争者数量、规模与该类产品的种类，各主要生产厂家生产该类商品的市场占有率及未来变动趋势，各品牌商品所推出的形式，消费者偏好与价格水平、竞争产品的性能与设计，各主要竞争对手的售后服务及满意度，广告宣传的类型与支出等。

二、确立谈判目标

谈判目标是指谈判要达到的具体目标，它指明谈判的方向和要达到的目的、企业对本次谈判的期望水平等。商务谈判的目的主要是希望以满意的条件达成一笔交易，因此，确定正确的谈判目标是保证谈判成功的基础。谈判目标是一种在主观分析基础上的预期与决策，是谈判所要争取和追求的根本因素。按可达成性分为三级目标。

1. 最高目标

最高目标通常是对谈判者而言最有利的理想目标，也是谈判进程开始的话题，但往往对谈判单方是可望而不可即的目标，而最后会带来有利的谈判结果。

2. 可接受目标

可接受目标即可交易目标，是经过综合权衡、满足谈判方部分需求的目标。这一目标对谈判双方都有较强的驱动力，因为双方都会抱有现实的态度。由于该目标具有一定的弹性，在谈判实战中，经过努力一般均可以实现。但要注意的是不要过早暴露，从而容易被对方否定。

可接受目标是谈判人员根据各种主客观因素，经过科学论证、预测和核算之后所确定的谈判目标，体现了己方可努力争取或作出让步的范围，而该目标的实现通常意味着谈判的成功。

3. 最低目标

最低目标即通常所说的谈判底线。既是最低要求，也是谈判方必定要达到的目标。如果达不到，一般谈判会放弃。这也是谈判方的机密，受最高期望目标的保护，一定要严加保密。

三、了解谈判对象

谈判对象主要指负责谈判的人。了解谈判对象是由哪些人员组成的，各自的身份、地位、性格、爱好、谈判经验如何，谁是首席代表，其能力、权限、以往成败的经历、特长和弱点以及对谈判的态度、倾向性意见如何等。根据谈判性质、要求的不同，有时还要收集一些更为深入、细致，更具有针对性的情报。总之，对于未来的谈判对象，了解得越具体、越深入，估量越准

确、越充分，就越有利于掌握谈判的主动权。

四、分析谈判形势

谈判形势是一个比较模糊的概念。分析谈判形势主要包括己方的优势、劣势以及对方的优势、劣势等方面，再依据优劣势，确定谈判战略。大致可以分为以下三种。

第一，己方处于优势地位，而且对谈判的兴趣并不是很大。要使谈判结果符合己方期望值的高限，可以不惜谈判破裂。

第二，己方所处的地位最多略高于对方，或基本是“旗鼓相当”。如果对谈判的兴趣较大，又十分迫切，那么谈判结果只要能接近己方期望值的中点线即可，必要时可适当做些让步。

第三，己方显然处于相对劣势地位，对谈判的兴趣很浓，也很迫切。谈判结果只要能不低于（或略低于）己方的期望值底限即可，虽然不得不做较多的让步。

在任何一场谈判中，优势和劣势都不是固定不变的。因此，对谈判人员来说，要时刻关注谈判环境的变化，客观、理智地分析双方的优劣势，做到随机应变。

五、组建谈判团队

一般来说，谈判小组由核心成员和外围支持构成。不仅要求每个谈判人员要精通自己专业方面的知识，同时，对其他领域的知识也要比较熟悉，这样才能彼此密切配合。例如，商务人员有必要懂得一些法律、金融方面的知识；法律人员有必要掌握一些技术方面的内容；而技术人员则要了解一些商务和贸易方面的知识等。

1. 团队核心成员

（1）技术人员。商务谈判需要有熟悉生产技术、产品性能和技术发展动态的技术人员、工程师等参加。在谈判前，专业技术人员要准备好与谈判有关的详细技术资料，掌握相关参数，在谈判中发生与技术问题相关的争议时应立即分析、判定问题所在，及时解答相关难题。

（2）财务人员。财务人员应由熟悉业务的经济师或会计师担任，主要职责是对谈判中的价格核算、支付条件、支付方式、结算货币等与财务相关的问题进行把关。

（3）法律人员。通常由特聘律师、企业法律顾问或熟悉相关法律规定的人员担任。职责是做好合同条款的合法性、完整性、严谨性的审核工作，同时，也负责涉及法律方面的谈判。

（4）翻译人员。由熟悉外语和有关知识、善于合作、纪律性强、工作积极的人员担任，主要负责口头与文字翻译工作，以达到沟通双方意图，并运用语言策略配合谈判的作用。在涉外商务谈判中翻译人员的水平将直接影响到谈判双方的有效沟通和磋商。在此需要强调的一点，即使己方谈判人员十分熟悉对方的语言，翻译人员也有其重要用途。一是给予我方缓冲时间，在高度紧张的谈判中能够利用翻译的时间进行思考和观察；二是在特殊情况下通过翻译避开对方的攻击，如借口翻译不当；三是翻译可以对己方明显的语言失误进行修正。

（5）商务人员。由熟悉交易惯例、价格谈判条件、行情，并且有经验的业务人员或领导担任。

（6）谈判团队领导人。负责整个谈判工作，领导谈判队伍，具有领导权和决策权。有时谈判团队领导人也是主谈人。

2. 外围支持力量

除以上核心人员外，还可配备其他一些辅助人员，但人员数量要适当，要与谈判规模、谈判内容相适应，尽量避免不必要的人员设置。

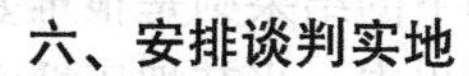

六、安排谈判实地

在中立的地点谈判总是较合人意。典型的案例就是大规模的劳资谈判通常不会在总公司办公室或工会总部举行，而是选择中立的饭店或会议厅举行，原因即在于在“自己根据地”谈判的一方如果占有明显优势，则会促使前往谈判的客人心生愤恨，因此，会对谈判成功的可能性造成损害。

第四节 商务谈判的技巧

商务谈判技巧不是研究虚假、欺诈和胁迫手段，而是探讨根据现代谈判理论和原则，为实现谈判目标，在谈判过程中熟练运用谈判知识和技能，是综合运用知识经验的艺术。

一、谈的技巧

谈判当然离不开“谈”，在商务谈判中，“谈”贯穿谈判的全过程。怎样谈得好，谈得巧，是谈判人员综合应用能力的体现。任何谈判者都不会同情一位“口才不好的对手”，谈是现代商务谈判成功的最有效武器。虽然“谈”在商务谈判中占有重要的地位，但是语气不能咄咄逼人，总想驳倒他人。否则，谈判就很难取得成功。

二、听的技巧

在谈判中我们往往容易陷入一个误区，那就是一种主动进攻的思维意识，总是在不停地说，总想把对方的话压下去，总想多灌输给对方一些自己的思想，以为这样可以占据谈判主动，其实不然，在这种竞争性环境中，你说的话越多，对方会越排斥，能入耳的很少，能入心的更少，而且，你的话多了就挤占了总的谈话时间，对方也有一肚子话想说，被压抑下的结果则是很难妥协或达成协议。反之，让对方把想说的都说出来，当其把压抑心底的话都说出来后，就会像一个泄了气的皮球一样，锐气会减退，接下来你在反击，对手已经没有后招了。更为关键的是，善于倾听可以从对方的话语中发现对方的真正意图，甚至是破绽。

三、鼓励类技巧

这是鼓励对方讲下去，表示很欣赏他讲话的一类技巧，如在听的过程中，运用插入“请继续吧”，“后来怎么样呢”，“我当时也有同感”，而且一定要注视对方的眼睛，缩短人际距离，保持目光接触，不要东张西望，否则，会使人感觉不受尊重。面部表情也应随着对方的谈话内容而有相应的自然变化。

四、引导类技巧

引导类技巧就是在听的过程中适当提出一些恰当的问题，诱使对方说出他的全部想法。例如：“你能再谈谈吗?”“关于……方面您的看法是什么?”“假如我们……您们会怎么样呢?”等，配合对方语气，提出自己的意见。

第八章　商务礼仪

第一节　服饰礼仪

一、服饰穿着基本原则

古今中外，着装从来都体现着一种社会文化，体现着一个人的文化修养和审美情趣，是一个人的身份、气质、内在素质的无言的介绍信。从某种意义上说，服饰是一门艺术，服饰所能传达的情感与意蕴甚至不是用语言所能替代的。在不同场合，穿着得体、适度的人，给人留下良好的印象；而穿着不当，则会降低人的身份，损害自身的形象。我国已故的周恩来总理在着装方面为后人树立了一个得体潇洒的典范，不论在任何条件下，他的衣着都整洁合体，一举一动彬彬有礼，待人谦虚，亲切诚恳。

在社交场合，得体的服饰是一种礼貌，一定程度上直接影响着人际关系的和谐。

影响着装效果的因素有以下3点。

一是要有文化修养和高雅的审美能力，即所谓“腹有诗书气自华”。

二是要有运动健美的素质，健美的形体是着装美的天然条件。

三是要掌握着装的常识、着装原则和服饰礼仪的知识，这是达到内外和谐统一的美，也是不可或缺的条件。

1. TPO 原则

着装的 TPO 原则是世界通行的着装打扮的最基本的原则，它是英文 Time Place Object 3 个词首字母的缩写。

T 代表时间、季节、时令、时代；

P 代表地点、场合、职位；

O 代表目的、对象。

2. TPO 原则的注意事项

(1) 着装应与自身条件相适应。选择服装首先应该与自己的年龄、身份、体形、肤色、性格和谐统一。

年长者、身份地位高者，选择服装款式不宜太新潮，应当选择款式简单而质地高档的服装，与身份年龄相吻合。

青少年，着装则应着重体现青春气息，朴素、整洁为宜，清新、活泼最好，“青春自有三分俏”，若以过分的服饰破坏了青春朝气实在得不偿失。

形体条件对服装款式的选择也有很大影响。身材矮胖、颈粗圆脸形者，宜穿深色低“V”字形领，大“U”形领套装。而身材瘦长、颈细长、长脸形者宜穿浅色、高领或圆形领服装。方脸形者则宜穿小圆领或双翻领服装。身材匀称，形体条件好，肤色也好的人，着装范围则较广，可谓“浓妆淡抹总相宜”。

(2) 着装应与职业、场合、交往目的对象相协调。这是一条不可忽视的原则。工作时间着装应遵循端庄、整洁、稳重、美观、和谐的原则，这样能给人以愉悦感和庄重感。从一个单位职业的着装和精神面貌，能很好地体现这个单位的精神面貌。现在越来越多的组织、企业、机关、学校开始重视统一着装，这是很有积极意义的举措，这不仅给了着装者一份自豪，同时，又多了一份自觉和约束。着装可以成为一个组织、一个单位的标志和象征。

着装应与场合、环境相适应。正式社交场合，着装宜庄重大

方，不宜过于浮华。参加晚会或喜庆场合，服饰则可明亮、艳丽些。节假日休闲时间着装应随意、轻便些，西装革履则显得拘谨而不适宜。家庭生活中，着休闲装、便装更益于与家人之间沟通感情，营造轻松、愉悦、温馨的氛围。但不能穿睡衣拖鞋到大街上去购物或散步，那是不雅和失礼的。着装应与交往对象、目的相适应。与外宾、少数民族相处，更要特别尊重他们的习俗禁忌。总之，着装最基本的原则是体现和谐美，上下装呼应和谐，饰物与服装色彩相配和谐，与身份、年龄、职业、肤色、体形和谐，与时令、季节环境和谐等。

3. 穿西服的原则

西服以其设计造型美观、线条简洁流畅、立体感强、适应性广泛等特点而越来越深受人们青睐，几乎成为世界性通用的服装，可谓男女老少皆宜。西服七分在做，三分在穿。西服的选择和搭配是很有讲究的。选择西服既要考虑颜色、尺码、价格、面料和做工，又不可忽视外形线条和比例。西服不一定必须料子讲究高档，但必须裁剪合体，整洁笔挺。一般来说色彩较暗、沉稳、无明显花纹图案、面料较高档的单色西服套装适用场合广泛，穿着时间长，利用率较高。穿着西服应遵循以下礼仪原则。

(1) 西服套装上下装颜色应一致。在搭配上，西服、衬衣和领带中应有两样为素色。

(2) 穿西服套装必须穿皮鞋，便鞋、布鞋和旅游鞋都不合适。

(3) 配西服的衬衣颜色应与西服颜色协调，不能是同一色，质地一定要好。白色衬衣配各种颜色的西服效果都不错。在正式场合，男士不宜穿色彩鲜艳的格子衬衣或花色衬衣。衬衣袖口应长出西服袖口 1~2 厘米。穿西服在正式庄重场合必须打领带，其他场合不一定要打领带。打领带时衬衣领口扣子必须系好，不打领带时衬衣领口扣子应解开。

(4) 西服纽扣有单排、双排之分，纽扣系法有讲究。双排扣西服应把扣子都扣好。单排扣西服：1粒扣的，系上端庄，敞开潇洒；两粒扣的，系扣方式较随意，但全扣和只扣第二粒不合规范；3粒扣的，系上面2粒或只系中间1粒都合规范要求。

(5) 穿西服时内衣不要穿着太多，春秋季节只配一件衬衣最好，冬季衬衣里面也不要穿棉毛衫，可在衬衣外面穿一件羊毛衫。穿得过分臃肿会破坏西服的整体线条美。

(6) 领带的颜色、图案应与西服相协调。系领带时，领带的长度以触及皮带扣为宜，领带夹戴在衬衣从上数第四、第五粒纽扣之间。

(7) 西服袖口的商标牌应摘掉，否则，不符合西服穿着规范，出席高雅场合会让人贻笑大方。

(8) 注意西服的保养。高档西服要吊挂在通风处并常晾晒，注意防虫与防潮。有皱折时可挂在浴后的浴室里，利用蒸气使皱折展开，然后再挂在通风处。

二、服饰的搭配

服饰在交际礼仪活动中的作用是不容忽视的。服饰一般包括服装、领带、帽子、手提包、项链等。交际礼节，仅仅只限于行为的彬彬有礼是远远不够的，还要讲究服饰礼节，在不同的场合配以不同的服饰，会给人留下良好的印象。“人看衣衫马看鞍”。如果能配上款式得体的服装，则显得高雅。反之，穿着马虎，衣冠不整，就会使人产生反感。

1. 服装面料的选择

身材高而瘦的人，应选用面料稍厚一点的服装，这样会显得比较丰满、精神，并且要避免颜色暗深的收缩色。

身材肥胖者，服装的面料不能太厚或者太薄，应选用厚薄适中、轻柔而挺括的面料服装，并忌穿大花、横条纹、大方格图案

的服装，否则体型会更显得横宽。对身材肥胖的女士，不应选用皱褶的面料做衣服，不适合穿无袖短衫或连衣裙，最好不要穿百褶裙、喇叭裙，西服裙较适宜。

2. 穿着场合的选择

穿衣服必须注意场合，不然，本来很美的服装，也会因其场合不适而大为逊色，甚至使人反感。

在公共场合不能只穿针织内衣、紧身内衣或睡衣、睡袍。女士穿下摆窄或长度在膝盖以上的短裙时，切勿在人前把腿架起来。

3. 服装色彩的选择

服装色彩的适当搭配，能使人通过错觉而产生美感。如浅色有扩张作用，会使人显得胖；而深色有收缩作用，能使人显得瘦。

服装色彩与肤色也有关系，如黄皮肤的人应避免蓝紫、朱红等颜色的服装，因为这类颜色与皮肤的对比度强，会使皮肤显得更黄。皮肤黑的人不宜选用黑、深褐、大红等颜色的服装；脸色红的人应避免选择绿色服装，而白色几乎适合于任何肤色的人。

没有不美的颜色，只有不美的搭配，服装色彩的搭配是有一定审美要求的。所以，在选择服装颜色时，应根据自身的特点加以选择。色彩和谐的服装，能使人在公众面前反映出自己的心理追求和精神风貌。

4. 衬衫与领带的选择

（1）衬衫与领带的搭配。一般来说，白色的、浅色的条子或方格面料的衬衫适合配穿西装。穿着粗花呢或其他外套服装，衬衫花纹可以粗犷一些。

领带是西服的重要组成部分，花色品种很多，一般要求领带与相宜的西服和衬衫配套。如上衣为鲜艳的格呢，领带就应避免条纹或大花，以纯粹的小花图案为宜；如上衣是粗格呢，领带的颜色则应与西服格子图案的某一种色调和谐。一般来讲，有图案的领带宜于配上素色无花纹的衬衣。

(2) 领带的作用及系法。对领带的极致描述就是“领带是男人的第二张脸”。一条漂亮的领带，一个完美的领结扣，配上笔挺合身的西服，可以完全衬托出一位优秀男士的魅力和气质。男人的装束不像女人那样复杂，饰物上的佩戴更是简约得很。除去手表、眼镜等物品外，唯一能让男人在一大堆款式相近、颜色相仿的“西服群”中脱颖而出的就是领带。首先，必须选择1条适合自己的领带，然后，还要学会完美地打1个领结扣。

三、服饰搭配的要求

1. 整洁大方

在正式场合，整洁的衣着反映出1个人振奋、积极向上的精神状态；而褴褛、肮脏的服装，则是1个人颓废、消极的表现。因此，衣服要勤换、勤洗、熨平整，裤子要熨出裤线；衣扣、裤扣要扣好，裤带要系好；穿中山装应扣好风纪扣；穿长袖衬衣衣襟要塞在裤内，袖口不要卷起，短袖衫衣襟不要塞在裤内。

装饰必须端庄、大方，要让对方感到可亲、可近、可信，乐于与你交往。在社交公关场合，应事先收拾打扮一下，把脸洗干净，头发梳理整齐。男士应刮胡子，女士还可化一点淡妆。一般来说，女服色彩丰富，轮廓较优美，面料较讲究，容易显示出秀丽、文雅、贤淑、温和等气质。男服则要求线条简洁有力，色彩沉着，衣料挺括。

2. 整体和谐

服饰礼仪中所说的服饰，不完全是指我们日常生活中的衣服和装饰物，而主要是指在着装后构成的一种状态，包括它所表达

的人的社会地位、民族习惯、风土人情以及人的修养、趣味等因素。所以，必须从整体综合的角度来考虑和体现各因素的和谐一致，做到适体、入时、从俗。

（1）适体。适体就是追求服饰与人体比例的协调和谐。服饰是美化人体的艺术，服饰只有与人体相结合，使服饰的色彩、式样、比例等均适合人体本身的“高、矮、胖、瘦”，从而把服饰与人体融为有机统一的整体。因此，过肥或过紧的衣衫，过小或过大的裤腿、过高的“高跟鞋”以及不得当的颜色搭配等，都会扭曲人的形体、影响人的形象。显然，这都是文秘人员在着装时要避免的。

（2）入时。入时就是追求服饰和自然界的协调和谐。人与自然相适应，有春夏秋冬、风雨阴晴的不同服饰；根据四季的变化穿着衣物，不但很符合时宜，而且还可保证人体健康。一般来说，冬天衣服的质地应厚实一点，以利于保暖，而春秋衣服的质地则应适当薄些。

（3）从俗。从俗就是追求服饰与社会生活环境、民情习俗的协调和谐。应努力使服饰体现出新时代的新风貌和特征，各民族的不同习俗和特色，各种场合的不同气氛和特点。

第二节　化妆与仪容

仪容化妆，是人体装饰艺术的组成部分，也是日常生活、交际礼仪中不可缺少的条件。仪容化妆应包括头发的保养护理与修饰，皮肤的保养护理与化妆等内容，这里重点介绍女士面部化妆的基本知识。化妆是用化妆品及艺术描绘手法来达到装扮美化自己的目的。社交场合，得体适度的化妆，既是自尊自信的表现，又体现了对他人的尊重。

一、化妆基础知识

1. 化妆的基本步骤

① 洗面；②拍收缩水（化妆水）；③搽营养霜；④搽粉底；⑤第一次定妆（涂干粉）；⑥修眉；⑦画眉；⑧化眼影；⑨鼻侧影；⑩涂腮红；第二次定妆（涂干粉）；化眼睫毛；涂口红。

化妆步骤的繁简可以根据场合不同而定，比如日常工作妆，可以简略掉第②⑤⑥⑨步骤，甚至只化①③几步简略淡妆就可以。社交场合，淡妆比浓妆艳抹效果更好，更显人的修养和审美情趣。

2. 卸妆方法和步骤

①用干净的软纸擦去脸上的汗垢、油指；②用清洁霜揉搓眉毛，再用软纸擦去；③用清洁霜轻揉眼部，再用软纸将溶于清洁霜的睫毛液和眼影轻轻擦掉；④用清洁霜擦嘴唇，再用软纸拭去口红；⑤用清洁膏边按摩边轻揉整个面部，使粉底浮起，再用软纸擦去；⑥用洗面奶以及温水将脸洗干净；⑦用化妆水收缩毛孔，最后擦上营养护肤霜。

3. 化妆品的选择

化妆时，粉底、眼影、腮红、口红的颜色应与人的皮肤、服饰的颜色协调，才能给人和谐之美感。选择粉底应考虑颜色和质感，最好选择较好质地的品牌。粉底颜色越接近肤色看上去越自然，最好还要多准备一个深色的，作为下腭、鼻梁、额头上打阴影用。粉底不是面具，应该要使皮肤看上去透明光滑、有光泽、健康滋润。苍白脸色的肤色，使用象牙色或粉红色的粉底；乳黄色皮肤用茶色或金褐色粉底；棕色皮肤肤色暗就不用太多粉底，通常使用亮光剂最佳。眼影、腮红、口红的颜色应与服饰的颜色协调。灰、白、黑色服装适合任何化妆颜色。

4. 彩妆与服饰的搭配

其他常用颜色服饰与化妆颜色的搭配如下。

（1）蓝紫色系。适合穿深蓝、浅蓝、紫红、玫红、桃红等服装。眼影用色为棕、紫红、深紫、浅蓝色搭配，腮红用粉色、粉红色，口红用紫红色系。

（2）粉红色系。适合穿白、黑、灰、粉红、红等服装。眼影用色为棕、粉红、驼、橘红、灰色搭配。腮红用粉红、红色，口红用红色系。

（3）棕色系。适合淡棕、深棕、棕红、驼色、米色等服装。眼影用色为棕、驼、灰颜色调和搭配，腮红、口红用红色系。

二、肌肤日常护理

1. 肌肤的基本护理

清洁面部可以去除新陈代谢产生出的老化物质和空气污染，同时，也可以清洁肌肤。洗脸时应遵守以下几点。

（1）将洗面奶放在手上揉搓起泡，泡沫越细越不会刺激肌肤，泡沫需揉搓至奶油般细腻才算合格，让无数泡沫在肌肤上移动以吸取污垢，而不是用手去搓揉。

（2）从皮脂分泌较多的“T”字区开始清洗，额头中心部皮脂特别发达，要仔细清洗。手指不要过分用力，轻轻地由内朝外画圆圈滑动清洗。

（3）用指尖轻柔仔细地清洗皮脂腺分泌旺盛的鼻翼及鼻梁两侧，这一部分洗不干净将导致脱妆及肌肤出现油光。

（4）鼻子下方容易长青春痘，必须仔细洗净多余的皮脂，用无名指轻轻画轮廓，既不会刺激肌肤又可完全去除污垢。

（5）注意嘴部四周也要清洗。脸部是否仔细洗净，重点在于有没有注意细小的部位，清洗嘴的四周时以按摩手法从内朝外轻柔描画圆弧状。

（6）下巴和“T”字区一样，容易长青春痘及粉刺，也是洗脸时容易忽略的部位。洗脸时应由内朝外不断画圈，使污垢浮上脸的皮肤表面。

（7）面积较大的脸颊部位需要特别仔细的关照。清洗面颊的诀窍是，不要用指尖接触皮肤而是用指肚，使指肚仅有的面积充分接触脸颊的皮肤，以起到按摩清洁的作用，洗脸的重要技巧是在于不要太用力，以免给肌肤带来不必要的负担。

（8）清洗时要记得洗到脖子、下巴底部、耳下等，这些部位的粉底霜没有去除干净将引发肌肤各种问题 。

（9）冲洗时用流水（水龙头不关）充分地去除泡沫，冲洗次数要适度，在较冷的季节，需使用温水，以免毛细孔紧闭而影响了清洗效果。

（10）洗脸后用毛巾擦拭脸上水分时，不可用力揉搓，以免伤害肌肤。正确使用毛巾的方法将毛巾轻贴在脸颊上，让毛巾自然吸干水分。

2. 面部营养的补充

洗脸去除污垢后，应该补充随污垢一起流失的水分、油脂、角质层内的 NMF（天然保湿因子）等物质，使肌肤恢复原来的状态，化妆水和乳液可以发挥它们的功效。化妆水的任务是补充水分，它的首要职责是补充洗脸时失去的水分，用充足的水分紧缩肌肤，使它变得柔软，紧接在其后的乳液才容易渗入。

化妆水的使用方法如下。

（1）将两片化妆棉重叠，倒入充足的化妆水，使水分刚好浸透化妆棉。

（2）两指各夹一片沾满化妆水的化妆棉，按在整个脸上，使肌肤感受到冰凉感。每半边脸用 1 片化妆棉。

（3）首先，由脸部中心朝外侧浸染，接着，浸湿易流汗的“T”字区及鼻翼四周；其次，由下而上拍打整个脸部，直到肌

肤觉得凉爽为止。

(4) 容易因水分不足而干燥的眼部周围要集中浸染，唇部也要补充水分，眼睛四周及唇部在白天也要记得用化妆水补充水分。

用化妆水充分补充洗脸所失去的水分后，再用乳液进一步补充养分，使肌肤完全恢复原来的状态。乳液有水分、油分、保湿等肌肤必要的3种成分，而且这3种成分调配得十分均匀，是每日保养肌肤不可缺少的产品，使用乳液的主要目的是恢复肌肤的柔软性，并为接下来的化妆做好准备。

3. 肌肤的特殊护理

按摩最大的效果是提高皮肤的高新陈代谢，加强血液循环。夏天强烈的紫外线及户外空气与有空调冷气的房间的温差会引起肌肤的生理机能下降，导致肤色暗沉、肌肤干燥等有碍肌肤健康的现象产生。按摩是肌肤有效的保养方法，不但如此，要使化妆品充分融合，按摩也是最适度的手段。

4. 化妆品皮炎的处理方式

由于皮肤接触化妆品而发生的皮肤炎症反应，称为化妆品皮炎。皮炎症状轻重不一，轻者只见潮红或丘疹，按上去微热；重者可引起明显的红斑、水泡；严重者会出现红肿，甚至形成糜烂、浅溃疡，愈后留下色素或痘痕。由于一般化妆品中含有的成分对一些皮肤较敏感的人有刺激作用，一些长期使用化妆品的人便会发生化妆品皮炎。如染发剂中的苯二胺、镍，唇膏、眼影、胭脂中的香料，脱毛剂中的硫化物，戏剧化妆的油彩以及绿色、深红色颜料等化妆品均可引起皮炎。

一旦得了化妆品皮炎，若面部有明显的红肿和流水时，可先用清水冲洗干净，再以3%浓度的硼酸水做湿敷，并可涂一些氧化锌油剂，也可在短期内服用强的松片和抗过敏药物。

在预防上，凡怀疑有化妆品过敏的人，可做皮肤敏感试验，即将化妆品取少许涂在手部较柔嫩处，待两小时后观察涂抹处有无发红、发痒的现象。如确属过敏，应换用其他化妆品，或在化妆前用凡士林打底，并均匀地涂抹一层薄薄的皮肤防护剂，以减轻发病。卸妆时，可用精制而成的石蜡油。若过敏较严重的人，最好避免再次接触致病的化妆品。

三、不同脸形的化妆技巧

脸部化妆一方面要突出面部五官最美的部分，使其更加美丽，另一方面要掩盖或矫正缺陷或不足的部分。经过化妆品修饰的美有两种：一种是趋于自然的美；另一种是艳丽的美。前者是通过恰当的淡妆来实现的，它给人以大方、悦目、清新的感觉，最适合在家或平时上班时使用。后者是通过浓妆来实现的，它给人以庄重高贵的印象，可出现在晚宴、演出等特殊的社交场合。无论是淡妆还是浓妆，都要利用各种技术，恰当使用化妆品，通过一定的艺术处理，才能达到美化形象的目的。

1. 椭圆脸化妆

椭圆脸是公认的理想脸型，化妆时宜注意保持其自然形态，突出其可爱之处，不必通过化妆去改变脸型。

(1) 胭脂。应涂在颊部颧骨的最高处，再向上、向外揉化开。

(2) 唇膏。除唇形有缺陷外，尽量按自然唇形涂抹。

(3) 眉毛。可顺着眼睛的轮廓修成弧形，眉头应与内眼角齐，眉尾可稍长于外眼角。

正因为椭圆形脸是不需要太多掩饰的，所以，化妆时一定要找出脸部最动人、最美丽的部位，而后突出之，以免给人平平淡淡、毫无特点的印象。

2. 长形脸化妆

长脸形的人，在化妆时力求达到的效果应是：增加面部的宽度。

（1）胭脂。应注意离鼻子稍远些，在视觉上拉宽面部。抹胭脂时可沿颧骨的最高处与太阳穴下方所构成的曲线部位，向外、向上抹开。

（2）粉底。若双颊下陷或者额部窄小，应在双颊和额部涂以浅色调的粉底，造成光影，使之变得丰满一些。

（3）眉毛。修正时应令眉毛成弧形，切不可过于有棱有角。眉毛的位置不宜太高，眉毛尾部切忌高翘。

3. 圆形脸化妆

圆脸形给人可爱、玲珑之感，若要修正为椭圆形并不十分困难。

（1）胭脂。可从颧骨起始涂至下颌部，注意不能简单地在颧骨突出部位涂成圆形。

（2）唇膏。可在上嘴唇涂成浅浅的弓形，不能涂成圆形的小嘴状，以免有圆上加圆的感觉。

（3）粉底。可用来在两颊造阴影，使圆脸消瘦一点。选用暗色调粉底，沿额头靠近发际处起向下窄窄地涂抹，至颧骨部下可加宽涂抹的面积，造成脸部亮度自颧骨以下逐步集中于鼻子、嘴唇、下巴附近部位。

（4）眉毛。可修成自然的弧形，可作少许弯曲，不可太平直或有棱角，也不可过于弯曲。

4. 方形脸化妆

方形脸的人以双颊骨突出为特点，因而在化妆时，要设法加以掩蔽，增加柔和感。

（1）胭脂。宜涂抹的与眼部平行，切忌涂在颧骨最突出处。可抹在颧骨稍下处并往外揉开。

（2）粉底。可用暗色调在颧骨最宽处造成阴影，令其方正感减弱。下颚部宜用大面积的暗色调粉底造阴影，以改变面部轮廓。

(3) 唇膏。可涂丰满一些，强调柔和感。

(4) 眉毛。应修得稍宽一些，眉形可稍带弯曲，不宜有角。

5. 三角脸形化妆

三角脸的特点是额部较窄而两腮较阔，整个脸部呈上小下宽状。化妆时应将下部宽角“削”去，把脸型变为椭圆状。

(1) 胭脂。可由外眼角处起始，向下抹涂，令脸部上半部分拉宽一些。

(2) 粉底。可用较深色调的粉底在两腮部位涂抹、掩饰。

(3) 眉毛。宜保持自然状态，不可太平直或太弯曲。

6. 参加舞会化妆

舞会的化妆不同于日间或宴会妆，因为舞场上灯光幽暗、多彩，气氛热烈，淡妆效果不佳，所以，化的妆可以浓艳一些。

(1) 粉底。色调宜与自然肤色相仿，太深、太浅均不适宜。若穿露肩背式礼服，颈部、肩部及手臂上也应涂上粉底。应选用鲜红色的胭脂，凡带有暗色成分的胭脂在灯光下看起来都会显得脸颊深陷。

(2) 唇膏。应用深桃红色或玫瑰红的唇膏，以增加明艳之感；还可以涂亮光唇油，以增加光泽。

(3) 眉毛。眉毛从眉头至眉尾应由淡渐浓。睫毛膏可比平时多刷几层，加用假睫毛效果会更好。

(4) 香水。可用植物类的、香型较浓的香水。

7. 戴眼镜者化妆

经常戴眼镜的人，在化妆上应有别于不戴眼镜者。

(1) 胭脂、口红。胭脂、口红的颜色应与镜框的颜色相和谐，深色镜框需配以较深色的口红，反之则较淡些。胭脂应抹得低些，以免被眼镜遮住。发型应以简单为宜，额前的刘海不要太多、太长。

(2) 眉毛。应注意眼镜框的上边是否与眉形相配合，以上边线与眉平行为佳，切不可镜框下垂而眉形上扬。画眉毛的眉笔色调应与镜框的颜色尽量相配。应选用较明亮的眼影色及浓密一些的假睫毛或深色的睫毛膏。由于近视，往往会使眼睛显得小些，所以，应在上睫毛下画上较深色的眼线。

第三节 言谈礼仪

说话和听话是一对孪生姐妹，相辅相成。说的同时既在听自己说的话有无不妥，同时，也在听他人的反应如何，并从他人的反应谈吐中，来调整自己的说法。在正式的交谈中，交谈的双方既是说话者同时又是听话者，通过不断地转换角色来达到交谈的目的。

一、善于表达

语言是人类沟通思想、交流感情的工具，而交谈则是人际交往中最常用、最直接的方式，也是人们传递信息和情感、彼此增进了解和友谊的重要手段。要想成为好的交流对象，必须掌握“说的艺术”，即做到“明白易懂”“幽默地说”，同时，要注意交谈禁忌。

1. 讲话要明白易懂

为使双方顺利交流，首先要保证让对方能够正确理解自己所讲的内容。为此，就应当尽量使用对方容易听懂的词语进行表达。每个人从事的工作不同，经历、年龄不同，所接触的专业术语也不一样。要在考虑上述因素的基础上，斟酌用词。如果不考虑对方的情况，就很有可能让对方不知所云，因此，讲话时需注意以下几点。

(1) 专业术语对从事这一领域工作的人来讲是很重要的，

但对圈外的人就有些晦涩难懂，所以，应当把专业术语换成简单的说法。

(2) 省略语、外语、外来语、新词汇也都较难理解，对有些人需要进行补充说明。

(3) 声音太小、太细就不易听清，所讲的话也无法传达给对方。

发音若不清楚，对方容易听错；说话速度太快，对方的理解可能跟不上，应注意用平缓的语气平常的语速交流。

2. 讲话要考虑场合和对方的身份

工作中人际关系错综复杂，所以，一定要注意说话方式。人的身份多种多样，领导、老同事、新同事以及年龄有差距的、关系密切的和疏远的、还有客户等，再加上见面的场合也不同，所以，绝不能为了怕麻烦，就无论在哪里见什么人都像跟老朋友一样随随便便地讲话。

说话方式在维持良好的人际关系方面起着重要作用，因此，一定要学会正确地使用敬语。

3. 幽默的说话技巧

幽默的言谈能给人快乐，给人意味深长的思考，可以使紧张的气氛变为轻松自然，使沉默寡言者变得健谈。总之，幽默是思想、爱心、智慧和灵感在语言运用中的结晶，也是一种良好修养的表现。

4. 说话的禁忌

(1) 不要喋喋不休。喋喋不休者就像池塘青蛙，整日鸣叫却不为人注意。有时反而惹得他人心烦意乱。相反雄鸡天亮时的一声啼叫，却一鸣惊人。一个人不可能句句金言，一鸣惊人。然而可以做到使自己的说话不要给人厌烦感。不必要的重复话是无聊的、乏味的，千万不要随己兴之所至而不顾他人的反应。如果看到对方有厌烦的苗头时，试着换个新话题，以重新唤起对方的

兴趣。

(2) 不要尖酸刻薄。有些人专门喜欢挑他人的刺，鸡蛋里挑骨头，抓住一点就要讥讽一番，缺乏一种与人为善的精神，于是就成了尖酸刻薄的人，这种人往往树敌很多。在社交活动中，敌人太多总是不利的，久而久之，尖酸刻薄的人总会被抛弃，成为不受欢迎者。

(3) 不要逢人便诉苦。诉苦的对象应该是家人或最亲密的朋友，而不应该是一般的社交对象。人人都喜欢听一些愉快有兴趣的事，而不是你的苦经。

5. 不要自以为是

真正有学问的人，总是谦虚有礼，而井底之蛙常常自高自大，自以为是。在社交场合，有些人说话时总是高谈阔论，以为自己无事不晓，无所不知，似乎自己永远“正确”，这种人往往很难得到他人的欢迎。

二、学会问候

1. 良好的人际关系首先要从“问候”开始

(1) “一声问候”表达出对别人的重视。

早上见到熟人要说“早上好”。

向别人请教了工作上的问题后要说“谢谢，您真是帮了我的大忙”。

见到来访客人要说“欢迎”。

不小心撞到别人或做错了事要说“对不起”。

接受别人请客要说“承蒙您款待，谢谢”。

下班回家时，要对还在加班的人说“我先走了”。

(2) 打招呼时要加上对方的名字。如果打招呼时加上对方的名字，说：“××先生，您好”！就等于向对方表明，我是在向你打招呼，收到的效果会特别好，而且对方也有被尊重、被重视的感觉。

（3）最动听的问候。问候语有多种多样，其中，最美丽、最动听的就是“谢谢”。不论在哪个国家，只要用当地的语言说上一句“谢谢”，立刻就能见到一张笑容满面的脸。

这些简单的问候语，在人际交往中发挥着润滑剂的作用。

2. 回答的技巧

（1）回答时要考虑对方的感受。别人说“早上好”，也要及时回答一声“早上好”。

别人说“谢谢”，要回答“不客气，不用谢”。

（2）回答时要看着对方。如果你跟别人说话，对方却背对着你回答，你一定会觉得自己没有受到重视。因此，回答时一定要看着对方。

美国ABC的著名节目主持人芭芭拉·华牧曾说：“我认为全神贯注和我说话的人是可亲近的人。”

（3）答应一声非常重要。在单位里听到别人叫自己的名字，一定要先答应一声。如不能立刻过去，也要先答应一声，再说“请您稍等一下”。接电话时也应先答应一声，“是的，我是××公司”，再接下去说准备说的事情。一定要养成这个习惯。掌握回答的礼仪非常重要。

三、善于聆听

聆听既是感性的又是理性的行为。聆听不仅仅是声音进入耳膜，而且要会意、理解并对听到的内容作出反应，要积极地把对方所讲内容听进去。

1. 聆听的意义

聆听别人讲话是出于礼貌的需要，同时，还有以下益处。

（1）能更好地了解人和事。人与人之间的交流只有少部分是通过书面进行的，大多数情况下是口头表达。我们期待对方能

注意我们说话，这样他才会明白他需要做什么。

（2）能学到更多的东西。我们进行交谈不光是为了表达我们的要求，还为了探讨新的问题。如果我们对某件事情进行研究或探讨，通常会征询别人的意见。倾听别人讲话可以获取大量信息。

（3）能改善工作关系，提高工作效率。因为交流失误而导致行为的偏差，会直接影响双方之间的关系。要让对方满意地说“他听了我的意见，满足了我的需求”，就必须倾听对方的需求，这是非常重要的。

（4）能使紧张的关系得到缓和。倾听可以增进人们之间的相互关系，避免一些不必要的纠纷。被人误解是很令人沮丧的事情。把握好聆听的技巧能与他人顺畅地沟通，建立良好的人际关系。

2. 提高聆听效率

交流是由说者、听者和交流的主题三要素组成的。好的听者是交流顺利进行的保障。好的听者除了在思想上做好接受信息的准备之外，还必须做到在交流中给讲话人以信心，让讲话人说下去以及对所听内容进行及时反馈，以保证讲话内容的正确性，提高聆听效率。

在聆听过程中，应注意以下几点。

（1）不要戴上“有色眼镜”。你的价值观念、信仰、理解方法、期望和推测都会成为妨碍你聆听对方讲话的“有色眼镜”。不要以自己的意志去判断对方。此时，你应该考虑如何理解和运用讲话人所提供的信息。讲话人的所用言辞以及性别、文化差异等都可能增加你聆听时的难度，他的非语言信号和语调也会成为影响交流的潜在因素。即便讲话人的表达缺乏条理，你也要继续听下去，并尽量控制住自己的反应。此时，你的主要任务是领会谈话人的观点。

(2) 偶尔的提问或提示可以澄清谈话内容，给讲话人以鼓励澄清问题的方法有如下。

“我可能没有听懂，你能否再讲具体一点?”

“还有哪些方面需要考虑的呢?”

“你能详细说明一下你刚才所讲的是什么意思吗?”

请注意，这些问题都是为了要求对方提供信息而问的，而不是对谈话人所讲的内容进行评论或评价。

(3) 及时给予反馈。积极聆听的最后一个环节是用自己的语言复述对讲话人所表达的思想与感情的理解，给讲话人以反馈，从而完成聆听的全过程，并告诉他其信息已被听到并理解了。不要只用耳朵听，还要用心去听，耳朵听的同时，大脑要抓紧工作，勤于思考分析，以便能听出弦外之音。如对对方的谈话内容不甚了解，可以用复述的方法提请对方核实、纠正，这样有助于对所说的内容的正确理解。

第四节 宴会礼仪

宴会是在社交活动中，尤其是在商务场合中表示欢迎、庆贺、饯行、答谢的方式，是增进友谊和融洽气氛的重要手段。招待宴请活动的形式多样，礼仪繁杂，掌握其礼仪规范是十分重要的。

一、宴请礼仪

1. 宴请的形式

国际上通用的宴请形式有四种：宴会、招待会、茶会和工作进餐。每种形式均有特定的规格和要求。

(1) 宴会。宴会是指比较正式、隆重的设宴招待，宾主在一起饮酒、吃饭的聚会。宴会是正餐，出席者按主人安排的席位

入座进餐，由服务员按专门设计的菜单依次上菜。按其规格又有国宴、正式宴会、便宴和家宴之分。

①国宴：国宴特指国家元首或政府首脑为国家庆典或为外国元首、政府首脑来访而举行的正式宴会，是宴会中规格最高的。按规定，举行国宴的宴会厅内应悬挂两国国旗，安排乐队演奏两国国歌及席间乐，席间主宾双方有致词、祝酒。

②正式宴会：正式宴会除不挂国旗、不奏国歌及出席规格有差异外，其余的安排大体与国宴相同。有时也要安排乐队奏席间乐，宾主均按身份排位就座。许多国家对正式宴会十分讲究排场，对餐具、酒水、菜肴的道数及上菜程序均有严格规定。

③便宴：便宴是一种非正式宴会，常见的有午宴、晚宴，有时也有早宴。便宴的最大特点是简便、灵活，可不排席位、不作正式讲话，菜肴也可丰可俭。有时还可以采取自助餐形式，自由取餐，可以自由行动，更显亲切随和。

④家宴：家宴即在家中设便宴招待客人。西方人士喜欢采取这种形式待客，以示亲切，且常用自助餐方式。西方家宴的菜肴往往远不及中国餐之丰盛，但由于通常由主妇亲自掌勺，家人共同招待，因而具有亲切、友好的气氛。

(2) 招待会。招待会是指一些不备正餐的宴请形式。一般备有食品和酒水饮料，不排固定席位，宾主活动不拘形式。

①冷餐会：冷餐会这种宴请形式的特点是不排席位，菜肴以冷食为主，也可冷、热兼备，连同餐具一起陈设在餐桌上，供客人自取。客人可多次取用食品，站立进餐，自由活动，边谈边用餐。冷餐会的地点可在室内，也可在室外花园里。对年老、体弱者，要准备桌椅，并由服务人员招待。冷餐会适宜于招待人数众多的宾客。我国举行大型冷餐招待会，往往用大圆桌，设坐椅，主桌安排座位，其余各席并不固定座位，食品和饮料均事先放置于桌上，招待会开始后，自行进餐。

②酒会：酒会又称鸡尾酒会，较为活泼，便于广泛交谈接触。招待品以酒水为主，略备小吃，不设坐椅，仅置小桌或茶几，以便客人随意走动。酒会举行的时间也较灵活，中午、下午、晚上均可。请柬上一般均注明酒会起止时间，客人可在此间任何时候入席、退席，来去自由，不受约束。鸡尾酒是用多种酒配成的混合饮料，酒会上不一定都用鸡尾酒。通常鸡尾酒会备置多种酒品、果料，但不用或少用烈性酒。饮料和食品由服务员托盘端送，亦有部分放置桌上。近年来国际上举办大型活动广泛采用酒会形式招待。自1980年起我国国庆招待会也改用酒会这种形式。

（3）茶会。茶会是一种更为简便的招待形式，它一般在西方人早、午茶时间（10:00、16:00）举行，地点常设在客厅，厅内设茶几、坐椅，不排席位，如为贵宾举行的茶会，入座时应有意识地安排主宾与主人坐在一起，其他出席者随意就座。茶会顾名思义就是请客人品茶，故对茶叶、茶具及递茶均有规定和讲究，以体现该国的茶文化。茶具一般用陶瓷器皿，不用玻璃杯，也不用热水瓶代替茶壶。外国人一般用红茶，略备点心、小吃，也有不用茶而用咖啡者。

（4）工作进餐。工作进餐是又一种非正式宴请形式。按用餐时间分为工作早餐、工作午餐、工作晚餐，主客双方可利用进餐时间，边吃边谈问题。我国现在也开始广泛使用这种形式于外事工作中。它的用餐多以快餐分食的形式，既简便、快速，又符合卫生。此类活动一般不请配偶，因它多与工作有关。双边工作进餐往往以长桌安排席位，其座位与会谈桌座位排列相仿，便于主宾双方交谈、磋商。

2. 宴请者礼仪

成功的宴请需要成功地组织。一般来说，宴请的组织工作主要包括以下方面。

(1) 确定宴请的目的、对象、范围与形式。宴请的目的多种多样，即可以为某人，也可以为某件事。如为某人某团赴约谈判；为展览、展销、订货会的开幕、闭幕；为某工程的破土与竣工等。在商务谈判中，为双方合作的开始或合作的成功或为谈判中某环节、某阶段的问题等。总之，目的需要明确。

宴请对象主要是依据主客双方的身份，即主宾双方身份要对等。宴请范围是指请哪方面人士，哪一级别，请多少人，主人一方请什么人作陪，这要考虑宴请的性质、主宾身份、惯例等多方面因素，不能只顾一面。邀请确定后，就可草拟具体邀请名单。采用何种形式，很大程度上取决于习惯做法，根据习惯和需要选择宴请形式。目前各种谈判交际活动中的宴请工作都在简化，范围趋向偏小，形式更加简便。酒会、冷餐会被广泛采用。

(2) 确定宴请的时间、地点。宴请的时间对主、宾双方都应适宜。一般不要选择对方的重大节假日，有重要活动或有禁忌的日子。商务谈判中，宴请时应先征求对方的意见，当面口头约定较方便，也可用电话联系。宴请地点的选择，一般正式的、隆重的宴请活动安排在高级宾馆大厦内举行，其他可按宴请的性质、规模大小、形式，主人意愿及实际可能而定。原则上选定的场所要能容纳全体人员。

(3) 订菜。宴请的酒菜根据宴请形式、规格及规定的预算标准而定。选菜不以主人的爱好为准，主要考虑主宾的爱好与禁忌。如果宴会上有个别人有特殊要求，也可以单独为其上菜。无论哪种宴请，事先都应列菜单，并征求主管负责人的同意。宴请的菜肴一般都较丰盛。

(4) 席位安排。正式宴会，一般都事先安排座次，以便参加宴会者入席时井然有序，同时，也是对客人的一种礼貌。非正式的宴会不必提前安排座次，但通常就座也要有上下之分。安排座位时应考虑以下几点。

一是以主人的位置为中心：如有女主人参加，则以主人和女主人为中心，以靠近主人者为上，依次排列。

二是要把主宾和主宾夫人安排在最主要的位置：通常是以右为上，即主人的右手是最主要的位置。离门最远的、面对着门的位置是上座，离门最近的、背对着门的位置是下座，上座的右边是第二号位，左边是第三号位，依此类推。

三是在遵从礼宾次序的前提下，尽可能使相邻者便于交谈。

四是主人方面的陪客应尽可能插在客人之间，以便与客人交谈。

中餐座位的排法，如下图所示。

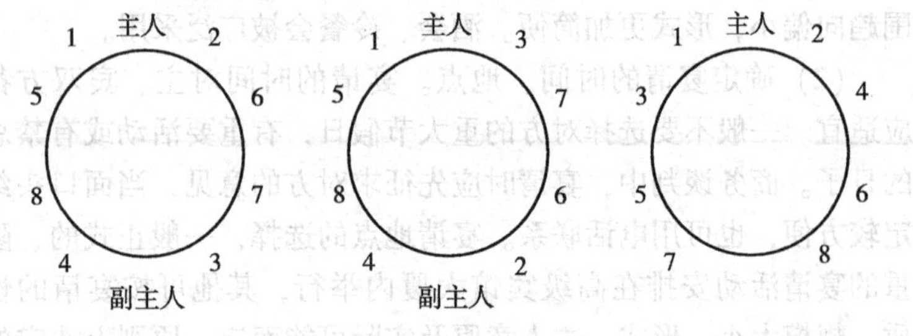

图　中餐座位的排法

(5) 现场布置。宴会厅、休息厅的布置取决于活动的形式、性质。官方的和其他正式的活动场所的布置应严肃、庄重、大方，不要用彩灯、霓虹灯装饰，可以少量点缀鲜花、刻花等。宴会上可用圆桌、长桌或方桌。桌子之间距离要适当，各个座位之间距离要相等。冷餐会常用方桌靠四周陈设，也可根据情况摆在房间中间。座位要略多于全体人数，以便客人自由就座。酒会一般摆小圆桌或茶几，以便放花瓶、烟灰缸、干果、小吃等，也可在四周设些椅子供妇女和年迈体弱者用。

(6) 餐具的准备。总的来说，应根据宴会的人数、菜的道数准备足够的餐具。餐桌上一切用品要清洁卫生。桌布、餐巾都应浆洗洁净熨平。各种器皿、筷子、刀叉等都要预先洗净擦亮，如果是宴会，还应备好每道菜撤换用的菜盘。

(7) 宴请程序及现场工作。主人一般在门口迎接客人，与客人握手后，由工作人员引导客人到休息厅，无休息厅可直接入宴会厅，但不入座。休息厅内应有相应身份的人员照料客人，由招待人员送饮料给客人。主宾到达后，由主人陪同进入休息厅与其他客人见面。如其他客人尚未到齐，可由其他迎宾人员代表主人在门口迎接。主人陪同主宾进入宴会厅，全体客人就座，宴会即开始。吃完水果，主人与主宾起立，宴会即告结束。主宾告辞，主人送至门口，主宾离去后，原迎宾人员顺序排列，与其他客人握别。

3. 赴宴者礼仪

赴宴即参加宴请，和宴请宾客一样，在大型谈判交际活动中赴宴也同样具有重要的作用，因而有必要了解参加宴请的一些礼仪。

(1) 应邀。接到宴会的邀请后，要根据邀请方的具体要求，尽早、尽快地答复对方能否出席，以便主人安排。答复对方时可打电话，也可复以便函。在接受邀请之后，不要随意改动。由于特殊情况不能出席，尤其是主宾应及早向主人解释、道歉。应邀出席一项活动之前，要核实宴请的主人，活动举办时间、地点，是否邀请了配偶以及主人对服装的要求等，以免失礼。

(2) 掌握出席时间。出席宴请活动，抵达时间的迟早，逗留时间的长短，在某种程度上反映对主人的尊重，这要根据活动的性质及有关习惯掌握，迟到、早退或逗留的时间过短，被视为失礼或有意冷落主人，身份高者可略晚抵达，一般客人应略早抵达。在我国，一般应正点或提前两三分钟或按主人的要求抵达。

确实有事需要提前退席，应向主人说明后悄然离去，或事先打招呼，届时离去。

(3) 抵达。抵达宴请地点，先到衣帽间，脱下大衣和帽子，然后前往主人迎宾处，主动向主人问好。如果是庆典活动，应表示祝贺。

(4) 入座。应邀出席宴请活动，应听从主人安排，即所谓客随主便。要先弄清自己的桌次座次再入席，不要乱坐。如邻座是年长者与妇女，应主动协助他们先坐下。

(5) 进餐。入座后，主人招呼，便开始进餐。

(6) 交谈。无论是主人、陪客或宾客，都应与同桌人交谈，特别是左右邻座。邻座如不相识，可先自我介绍。

(7) 祝酒。作为主宾参加宴请，应了解对方的祝酒习惯，即何人祝酒，何时祝酒等，以便做必要的准备。碰杯时，主宾与主人先碰杯，人多时可同时举杯示意，不一定碰杯。祝酒时注意不必交叉碰杯。在主人和主宾致辞、祝酒时应暂停进餐，停止交谈，注意倾听，不要借机抽烟等，遇到主人和主宾来桌前敬酒时，应起立举杯。碰杯时，要目视对方致意。宴会上互相敬酒，表示友好，活跃气氛，但切忌喝酒过量，否则，会失言失态。

(8) 宽衣。在社交场合，无论天气如何炎热，不能当众解扣脱衣。小型便宴，如主人请客人宽衣，男宾可脱下外衣搭在椅背上。

(9) 喝茶或咖啡。通常牛奶、白糖均用单独器具盛放，喝茶或咖啡时如愿意加牛奶、白糖，可自取加入杯中，用小茶匙搅拌，茶匙放回小碟内。喝时用右手拿杯把，左手端小碟。

(10) 水果。吃水果时，不要整个拿着咬食，要根据不同水果的不同特点。先借助水果刀进行分解，然后再食用。

(11) 水盂。在筵席上，上鸡、龙虾、水果时，有时送上一个小水盂（铜盆、水晶玻璃缸），水上漂有玫瑰花瓣或柠檬片，

供洗手用。洗时两手轮流沾湿手指头，轻轻涮洗，然后用餐巾或小毛巾擦干。

（12）纪念物品。有的主人为每位出席者备有1小纪念品或1朵小鲜花，宴会结束时，主人要招呼客人带上。遇此，可说一两句赞扬小礼品的话，但不必郑重示谢。除了主人特别示意作为纪念品的东西外，各种招待用品，包括糖果、水果、香烟等，都不要拿走。

（13）致谢。对主人的致谢，除了在宴会结束告辞时表达谢意之外，若正式宴会，还可在二三天以印有“致谢”或“P. R.”字样的名片或便函表示感谢。有时私人宴请也需致谢。名片可寄送或亲自送达。首先对女主人表示谢意，但不必说过谦的话。

（14）冷餐会与酒会的取菜。冷餐会或酒会上，招待员上菜时，不要抢着去取，待送至本人面前时再拿。周围人没有拿到第一份时，自己不要急于取第二份。勿围在菜桌旁边，取完即退开，以便让别人去取。

（15）意外情况。宴会进行中，由于不慎，发生意外情况时，如用力过猛，使刀子撞击盘子发出声响，或餐具摔落，或打翻酒水等，要沉着应付。可向邻座人说声“对不起”。掉落餐具可由招待员另送一副，若打翻的酒水等溅到邻座人身上，应表示歉意，并协助擦掉。如果对方是妇女，只要把餐巾或手帕递给对方即可，由对方自己处理。

二、就餐礼仪

1. 中餐礼仪

餐饮是一种常见的社交活动，中国餐饮文化很丰富，中国人热情好客，很讲究餐饮礼仪。中餐宴会是指具有中国传统民族风格的宴会，遵守中国人的饮食习惯和礼仪规范。

(1) 宴会的基本礼仪。作为应邀参加宴会的客人，如时赴约，举止得当，讲究礼节，是对主人的尊重。另外，还应注意以下几个问题。

一是服饰：客人赴宴前应根据宴会的目的、规格、对象、风俗习惯或主人的要求考虑自己的着装，着装不得体会影响宾主的情绪，影响宴会的气氛。

二是进餐：进餐时举止要文明礼貌，“不马食，不牛饮，不虎咽，不鲸吞，嚼食物，不出声，嘴唇边，不留痕，骨与秽，莫乱扔。”面对一桌子美味佳肴，不要急于动筷子，需等主人说“请”之后客人才能动筷。主人举杯示意开始，客人才能用餐。如果酒量还能够承受，对主人敬的第一杯酒应喝干。同席的客人可以相互劝酒，但不可以任何方式强迫对方喝酒，否则，是失礼。自己不能喝酒时，可以谢绝。夹菜时，一是使用公筷；二是夹菜适量，不要取得过多，以免吃不了剩下；三是在自己跟前取菜，不要伸长胳膊去够远处的菜；四是不能用筷子随意翻动盘中的菜；五是遇到自己不喜欢吃的菜，可很少地夹一点，放在盘中，不要吃掉，当这道菜再传到你面前时，就可以因盘中的菜还没有吃完而不再夹这道菜，但最后应将盘中的菜全部吃净。进食时尽可能不要咳嗽、打喷嚏、打呵欠、擤鼻涕，一旦不能抑制，要用手帕、餐巾纸遮挡口鼻，并转身将脸侧向一方，低头尽量压低声音。

三是点菜：如果主人安排好了菜，客人就不要再点菜了。如果参加一个尚未安排好菜的宴会，需要注意点菜的礼节。点菜时，不要选择太贵的菜，同时，也不宜点太便宜的菜，太便宜了，主人反而不高兴，认为你看不起他，如果最便宜的菜恰是你真心喜欢的菜，那就要想点办法，尽量说得委婉一些。

(2) 其他礼仪。

一是餐巾的用法：如今很多餐厅都为顾客准备了餐巾，通

常，要等坐在上座的尊者拿起餐巾后，其他客人才可以取出平铺在腿上，特别注意动作要小。餐巾很大时可以叠起来使用，不要将餐巾别在领上或背心上。餐巾的主要作用是防止食物落在衣服上，所以，只能用餐巾的一角来印一印嘴唇，不能拿整块餐巾擦脸、擤鼻涕，也不要用餐巾来擦餐具。如果是暂时离开座位，请将餐巾叠放在椅背或椅子扶手上。用完餐，可将餐巾叠一下放在桌子上。

二是酒水的礼仪：一般餐桌上会为每位用餐者准备茶水、饮料和酒水，通常茶水、饮料、酒水在右侧，饮用时尽量不要用错。作为主人（特别是陪同人员），宴会进行期间可能为客人斟酒上菜，应该从客人左侧上菜，从客人右侧斟酒。

2. 西餐礼仪

(1) 预约的窍门。越高档的饭店越需要事先预约。预约时，不仅要说清人数和时间，也要表明是否要吸烟区或视野良好的座位。如果是生日或其他特别的日子，可以告知宴会的目的和预算。在预定时间内到达，是基本的礼貌。

(2) 着装要求。西餐礼仪很重视出席宴会时的服饰搭配，所以，即使你有再好的休闲服也不要在西餐厅里穿出来。去高档的餐厅，男士要穿着整洁的上衣和皮鞋；女士要穿套装和有跟的鞋子。如果指定穿正式服装的话，男士必须打领带。

(3) 由椅子的左侧入座。最得体的入座方式是从左侧入座。当椅子被拉开后，身体在几乎要碰到桌子的距离站直，领位者会把椅子推进来，腿弯碰到后面的椅子时，就可以坐下来。

(4) 用餐姿势。用餐时，上臂和背部要靠到椅背，腹部和桌子保持约一个拳头的距离，两脚交叉的坐姿最好避免。

(5) 上菜顺序。正式的全套餐点上菜顺序是：①菜和汤；②水果；③肉类；④乳酪；⑤甜点和咖啡；⑥水果，还有餐前酒和餐酒。点菜没有必要全部都点，点太多却吃不完反而失礼，前菜、主菜（鱼或肉择其一）加甜点是最恰当的组合。点菜并不是由前菜开始点，而是先选一样最想吃的主菜，再配上适合主菜的汤。

(6) 点酒。在高级餐厅里，会有调酒师拿酒单来，对酒不大了解的人，最好告诉调酒师自己挑选的菜色、预算和喜爱的酒类口味，请调酒师帮忙挑选。按照西餐的传统，主菜若是肉类应搭配红酒，鱼类则搭配白酒。上菜之前，也可以来杯香槟、雪利酒或吉尔酒等较淡的酒。

(7) 摆台。国际上常见的西餐摆台方法是：座位前正中是垫盘，垫盘上放餐巾（口布）。盘左放叉，盘右放刀、匙，刀尖向上、刀口朝盘，主食靠左，饮具靠右上方。正餐的刀叉数目应与上菜的道数相等，并按上菜顺序由外至里排列、用餐时也从外向里依序取用。饮具的数目、类型应根据上酒的品种而定，通常的摆放顺序是从右起依次为葡萄酒杯、香槟酒杯、啤酒杯（水杯）。

(8) 餐巾的使用。点完菜后，在前菜送来前的这段时间把餐巾打开，往内折1/3，让2/3平铺在腿上，盖住膝盖以上的双腿部分。切不可将餐巾别在衣领上或裙腰处。用餐时可用餐巾的一角擦嘴，但不可用餐巾擦脸或擦刀叉等。用餐过程中若想暂时离开座位，可将餐巾放在椅背上，表示你还要回来；若将餐巾放在餐桌表示你已用餐完毕，服务员则不再为你上菜。

(9) 用3个手指轻握杯脚。需要酒类服务时，通常由服务员负责将少量酒倒入酒杯中，让客人鉴别一下品质是否有误。一般只需喝一小口并回答“好”。服务员就会来倒酒，这时，不要动手去拿酒杯，而应把酒杯放在桌上由服务员去倒。正确的握杯姿势是用手指轻握杯脚。为避免手的温度使酒温增高，应用大拇指、中指、食指握住杯脚，小指放在杯子的底台固定。

(10) 喝酒的方法。喝酒时绝对不能吸着喝，而是倾斜酒

杯，像是将酒轻轻倒入口中。饮用前轻轻摇动酒杯让酒与空气接触以增加酒味的醇香，但不要猛烈摇晃杯子。此外，一饮而尽或边喝边透过酒杯看人，都是不礼貌的行为。不要用手指擦杯沿上的口红印，用面巾纸擦较好。

（11）喝汤的方法。吃西餐喝汤时非常忌讳发出喝汤的声响。喝汤时先用汤匙由后往前将汤舀起，汤匙的底部放在下唇的位置将汤送入口中。汤匙与嘴部呈45°角较好。身体的上半部略微前倾。盘中的汤剩下不多时，可用手指将盘略微抬高。如果汤用有握环的碗装，可直接拿住握环端起来喝。

（12）面包的吃法。吃面包时，先用两手将面包撕成小块，再用左手拿来吃。吃硬面包时，用手撕不但费力而且面包屑会掉满地，此时可用刀将面包先切成两半，再用手撕成块来吃。为避免像用锯子似割面包，应先把刀刺入面包的另一半，切时可用手将面包固定，避免发出声响。

（13）鱼的吃法。鱼肉极嫩易碎，因此餐厅常不备餐刀而备专用的汤匙。这种汤匙比一般喝汤用的稍大，不但可切分菜肴，还能将调味汁一起舀起来吃。在吃鱼时，首先用刀在鱼鳃附近划一条直线，刀尖不要划透，划入一半即可。将鱼的上半身挑开后，从头开始，将刀叉在骨头下方，往鱼尾方向划开，把针骨剔掉并挪到盘子的一角，最后再把鱼尾切掉，由左至右面，边切边吃。

（14）如何使用刀叉。使用刀叉的基本原则是右手持刀或汤匙，左手拿叉。若有两把以上的刀叉，应由最外面的一把依次向内取用。刀叉的拿法是轻握尾端，食指按在柄上。汤匙则用握笔的方式拿即可。如果感觉不方便，可以换右手拿叉，但不要频繁更换。吃体积较大的蔬菜时，可用刀叉来分切。较软的食物可放在叉子平面上，用刀子整理一下后食用。

（15）略作休息时，刀叉的摆法。如果吃到一半想放下刀叉休息，应把刀叉以“八”字形状摆在盘子中央。若刀叉突出到盘子外面，不安全也不好看。用餐后，将刀叉摆成四点钟方向即可。

3. 自助餐礼仪

自助餐的特点是不设固定席位，可以任选座位，站着也行，形式活泼，很便于彼此的交流。菜肴、食品连同餐具都摆设在桌上，任由客人自取，喜欢什么，量的大小，完全自主。在这种场合也要注意礼仪，一次不宜取太多的食物，不够可以再添，如果取得太多，吃不了剩下一堆，就显得很失礼了。另外，要把骨头、鱼刺等拨到盘子一边。吃自助餐，不能将食物带出餐厅。

参考文献

胡军珠. 2018. 农产品营销 [M]. 北京：中国农业出版社.
胡浪球. 2013. 农产品营销实战第一书 [M]. 北京：企业管理出版社.
李崇光. 2010. 农产品营销学 [M]. 北京：高等教育出版社.
林依倔，雷凤燕. 2016. 农产品营销 [M]. 成都：西南交通大学出版社.
马耀宗，邵凤成，李文宏. 2018. 农产品营销知识读本 [M]. 北京：中国农业科学技术出版社.
张国庆，刘龙青，张月莉. 2017. 农产品市场营销 [M]. 北京：中国林业出版社.
左显兰. 2018. 商务谈判与礼仪，2 版 [M]. 北京：机械工业出版社.